国家地理图解万物大百科

天气与气候

西班牙 Sol90 公司 编著 陈怡全 译

江苏凤凰科学技术出版社 · 南京

目录

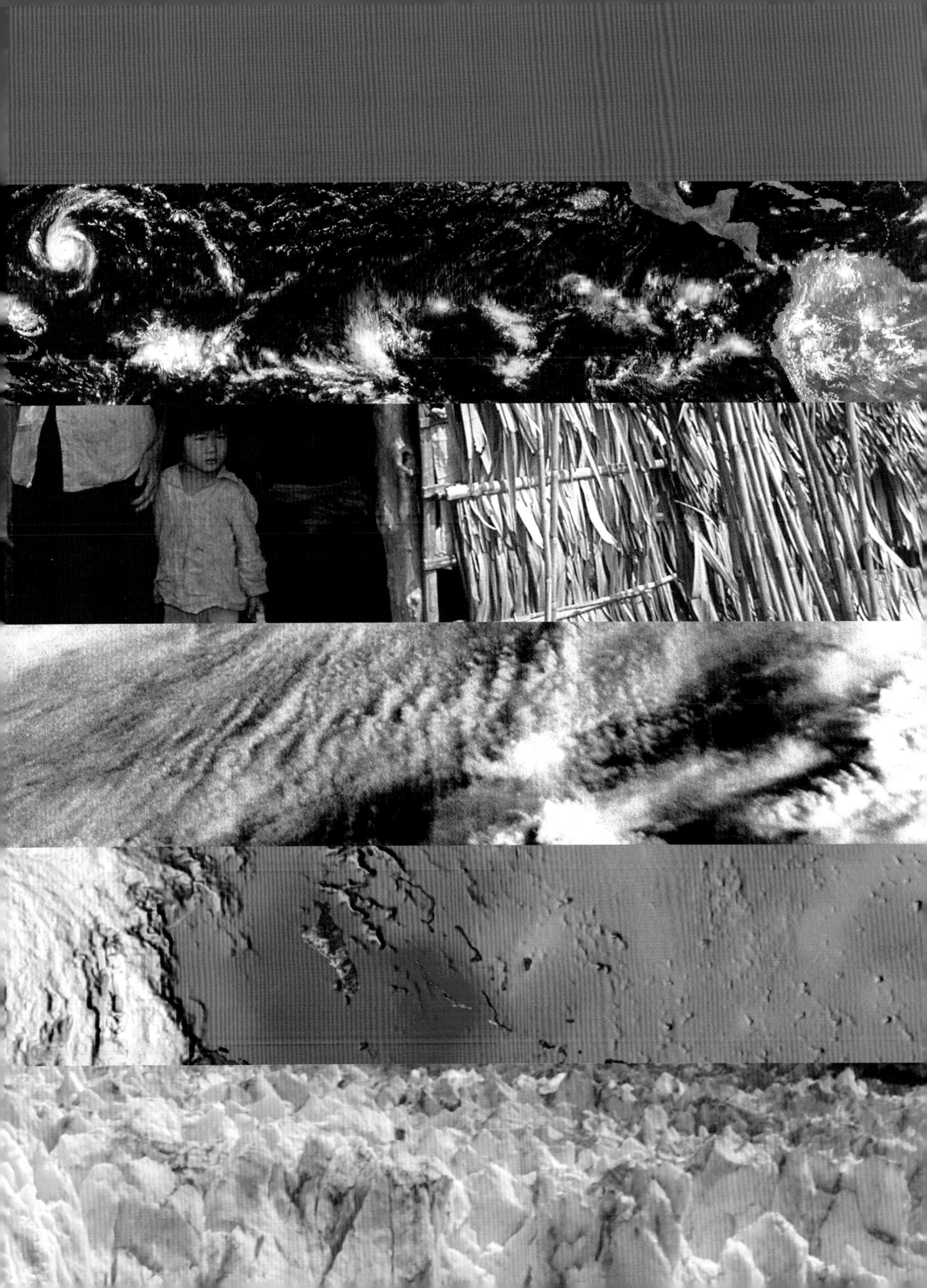

各类因素的综合作用

强风和倾盆大雨
1998 年 9 月 20 日至 25 日，飓风“乔治”横扫加勒比海沿岸，导致数千人无家可归。

“一只蝴蝶在巴西扇动翅膀，可以导致美国佛罗里达州发生龙卷风”，这是爱德华·洛伦茨在潜心研究气象学，并试图找到预测那些可能威胁生命的气候现象的方法后得出的结论。的确，大气系统极为复杂，许多科学家将其定义为混乱的系统。任何天气预报都可能由于风、暖锋和暴风雨的不期而至而发生错误。随后，这类变化可能导致第二天的实际情况与预期的截然不同：该有阳光的地方却下起了雨；打算去海滩的人们却只能躲在地下室里等待飓风退去。所有这些不确定性都使受飓风和暴风雨影响的地区的人们对可能发生的情况心存恐惧，因为他们面对气候的变化无能为力。事实上，龙卷风、飓风和旋风只是自然现象，本身并不意味着灾难。例如，只有在席卷了人口密集地区或穿越农田时，飓风才会给人类带来灾难，造成巨大破坏、人员伤亡和经济损失。然而在人类社会中，将这些自然现象等同于死亡和灾害的观念仍然是根深蒂固的。经验告诉我们，必须学会应对这些现象，并在自然灾害尚未发生时便未雨绸缪。本书将用精彩的图片告诉你对天气与气候起决定性作用的相关因素的有用信息，还将让你了解制作长期天气预报如此复杂的原因，并为你解答全球变暖的情况继续发展下去将会带来怎样的变化：极地冰盖是否会融化并导致海平面升高；农作物产区是否会逐渐变成沙漠。诸如此类的很多其他问题都能在本书中找到答案。我们的目的是唤起你对天气与气候等这些影响每个人生活的自然力量的兴趣。●

气候学

不断运动的大气、各大洋、各大陆以及大量冰山都是地球环境的主要组成部分。所有这些部分构成了气候系统。

它们一直不断地相互作用，传送水、电磁辐射和热量。在这个复杂的系统中，一个基本的变量就是气温，它的

卫星云图
从这张图片中能够清楚地看到水和空气的流动状态。它们能够造成气温的升降以及其他方面的变化。

变化丰富且显著。风也很重要，因为它能将热量和湿气带到大气中去。水也随着自身的变化过程（蒸发、对流和冷凝）在地球的气候系统中发挥着重要作用。●

全球平衡

太阳辐射散播出大量能量，其中的一部分推动了被称为气候系统的地球特定机制的运转。这一复杂系统的组成部分有大气圈、水圈、岩石圈、冰雪圈和生物圈。所有这些组成部分通过物质与能量交换，持续不断地相互作用。过去、现在和将来的天气与气候共同形成了地球气候系统的表现。

风

大气层一直处于运动当中。热量造成大量空气的移动，由此形成了大气的普遍循环。

大气圈

太阳发出的一部分能量由大气层获得，另一部分被地球吸收，或者以热量的形式被反射出去。温室气体减缓了热量向外层空间的传递，导致气温升高。

生物圈

生物（例如植物）影响着天气与气候，它们构成了需要矿物质、水和其他化合物的生态系统的基础。它们也为其他子系统提供各种物质。

降水

水在大气中凝结形成小水滴，在重力的作用下降落到地球上的不同地方。

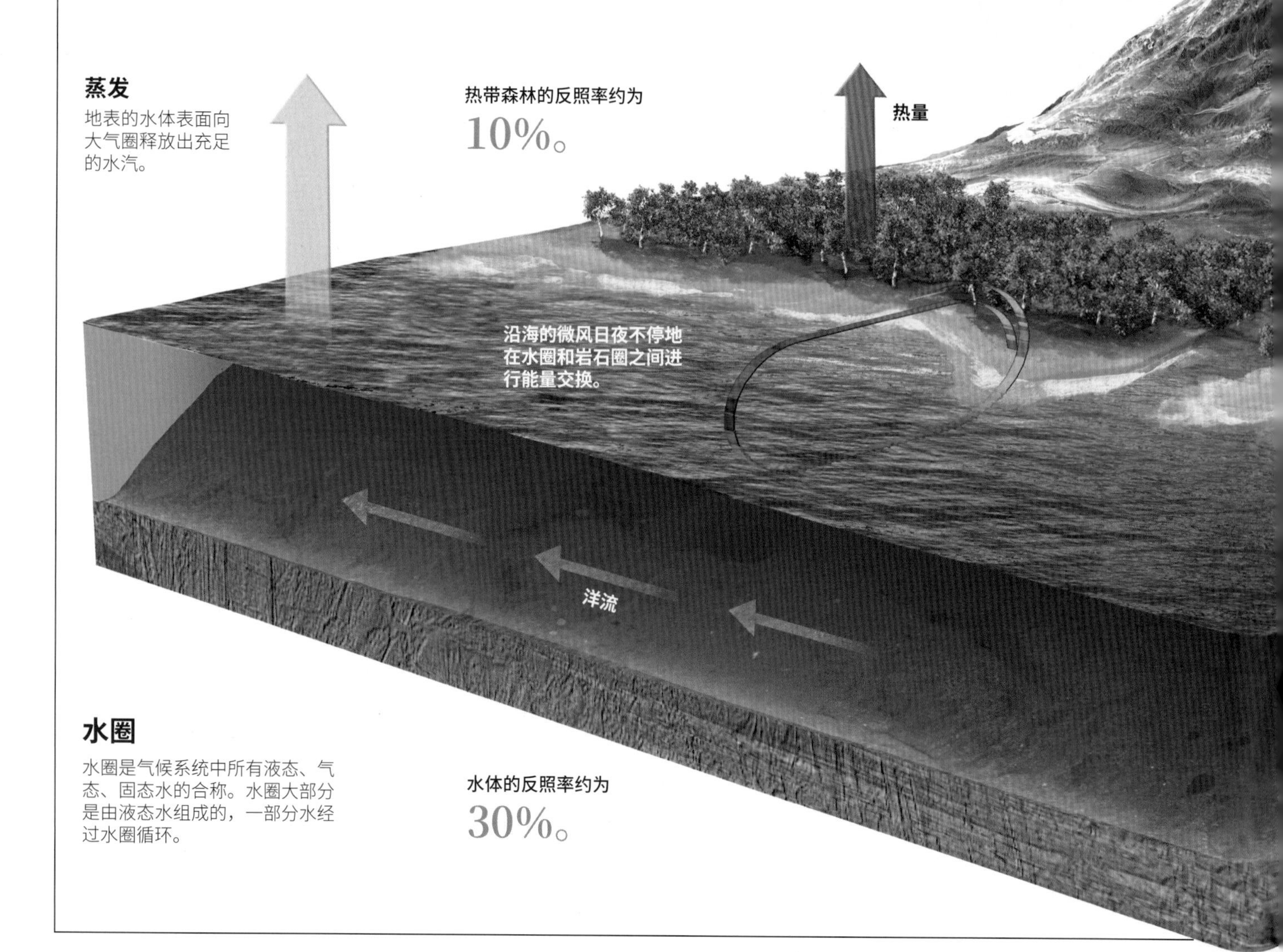

太阳辐射

太阳辐射到地球的太阳能中大约50%会到达地球表面，其中一部分能量被直接转移到了大气层中。相当大一部分地球获得的太阳辐射脱离了空气，在各子系统之间循环。有些能量则脱离大气层进入了外层空间。

太阳

对于气候活动至关重要。各个子系统吸收、交换并反射由太阳到达地球表面的能量。例如，生物圈利用光合作用吸收太阳能，并增强水圈的活动。

冰雪圈

代表地球上被冰层覆盖的地区。永冻土出现在土壤或岩石温度常年低于0°C的地方。冰雪圈地区几乎反射了所有接收到的光，以此调节海水的温度和盐度，在海洋循环中发挥其作用。

反照率

气候子系统反射的太阳辐射比例。

薄云的反照率约为

50%。

阳光

新近降雪的反照率约为

80%。

岩石圈

这是地球表面最外层的固体结构。它们不断地形成和毁坏，改变了地球的面貌，对天气和气候具有重大影响。例如，山脉可以成为阻挡风和湿气的地理屏障。

烟尘

逸入大气层中的烟尘颗粒能够保留热量，并成为降水的凝聚核。

回到海洋

地下循环

水循环受重力作用影响。水圈中的水渗入到岩石圈，并在其中循环直至流入湖泊、河流和海洋中。

灰烬

火山爆发将营养物质带入气候系统，火山灰为土壤施加养分。火山爆发还阻碍了太阳光照，从而降低了地球表面吸收的太阳辐射，这就造成了气温下降。

温室效应

大气层中的一些气体非常善于保留热量。临近地球表面的空气层形成了保护罩，使气温保持在生物能够生存的范围内。

纯空气

大气层是包围地球表面的大量气体，它的组成使其能够调控到达地球表面的太阳能的强度和类型。大气层也吸收来自地壳、极地冰盖、海洋及地球其他表面辐射的能量。氮是大气层的主要成分，大气层也包含其他气体，例如氧气、二氧化碳、臭氧和水汽，这些成分较少的气体和空气中的微小颗粒共同对地球的天气与气候产生重大影响。●

温室效应

由于吸收大气中温室气体的红外辐射而产生，这种自然现象有助于保持地球表面温度处于平稳状态。

空气中的各类气体

稀有气体（氦、氖、氩、氪、氙、氡）0.94%

二氧化碳 0.03%

其他气体 0.03%

氧 21%

氮 78%

外逸层

这层开始于地表以上大约 500 千米的高度，是大气层的最外层。等离子形式的物质在这里从地球逃逸出去，因为它们受到的磁场引力比地心引力大得多。

极轨气象卫星

极轨气象卫星在外逸层绕轨道运行。

地球表面的平均温度为

15℃。

热层

中间层顶以上到离地面约 250 千米（太阳宁静期）或 500 千米（太阳活动期）的大气层。热层气温随高度增加而递增，其顶部气温可超过 1 000℃。

极光

由太阳发出的高速带电粒子在地球磁场作用下折向南北两极附近，在高空形成极光。

约6%

的太阳辐射被大气层散射。

军事卫星

空气摩擦缩短了它们的使用寿命。

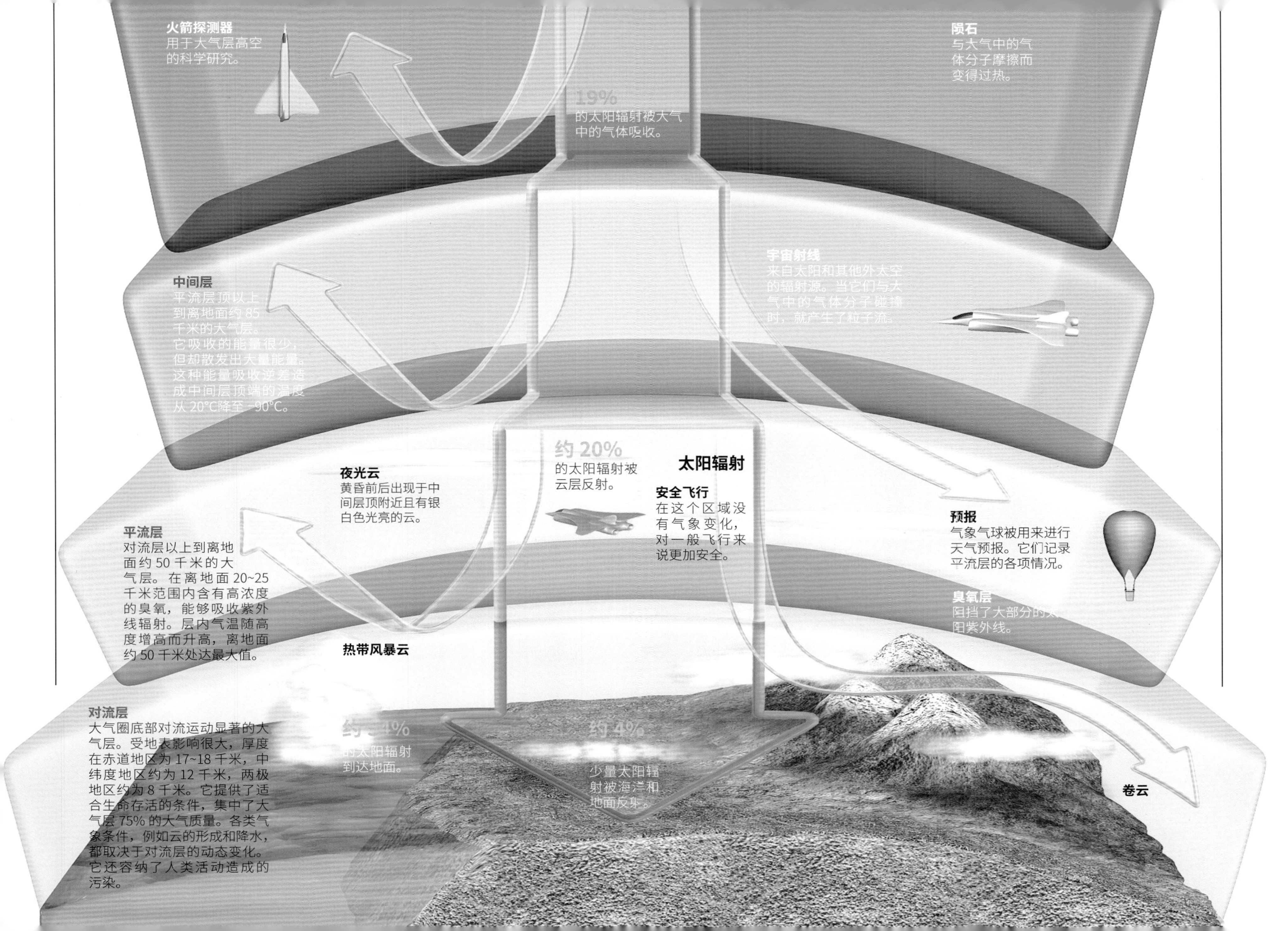

火箭探测器
用于大气层高空的科学研究。
19%
的太阳辐射被大气中的气体吸收。
陨石
与大气中的气体分子摩擦而变得过热。
中间层
平流层顶以上到离地面约 85 千米的大气层。它吸收的能量很少，但却散发出大量能量。这种能量吸收逆差造成中间层顶端的温度从 20°C降至 -90°C。
宇宙射线
来自太阳和其他外太空的辐射源。当它们与大气中的气体分子碰撞时，就产生了粒子流。
约 20%
的太阳辐射被云层反射。
太阳辐射
夜光云
黄昏前后出现于中间层顶附近且有银白色光亮的云。
安全飞行
在这个区域没有气象变化，对一般飞行来说更加安全。
平流层
对流层以上到离地面约 50 千米的大气层。在离地面 20~25 千米范围内含有高浓度的臭氧，能够吸收紫外线辐射。层内气温随高度增高而升高，离地面约 50 千米处达最大值。
预报
气象气球被用来进行天气预报。它们记录平流层的各项情况。
臭氧层
阻挡了大部分的
阳紫外线。
热带风暴云
对流层
大气圈底部对流运动显著的大气层。受地表影响很大，厚度在赤道地区为 17~18 千米，中纬度地区约为 12 千米，两极地区约为 8 千米。它提供了适合生命存活的条件，集中了大气层 75% 的大气质量。各类气象条件，例如云的形成和降水，都取决于对流层的动态变化。它还容纳了人类活动造成的污染。
约 54%
的太阳辐射到达地面。
约 4%
少量太阳辐射被海洋和地面反射。
卷云

大气动态

大气层是一个动态系统，温度变化和地球运动造成了空气流动。大气层的空气在两极和赤道之间不同纬度内循环。另外，地球表面的各种特征会改变流动空气的路径，形成不同密度的空气区域。这些过程中所产生的各种关系影响着我们地球的气候条件。

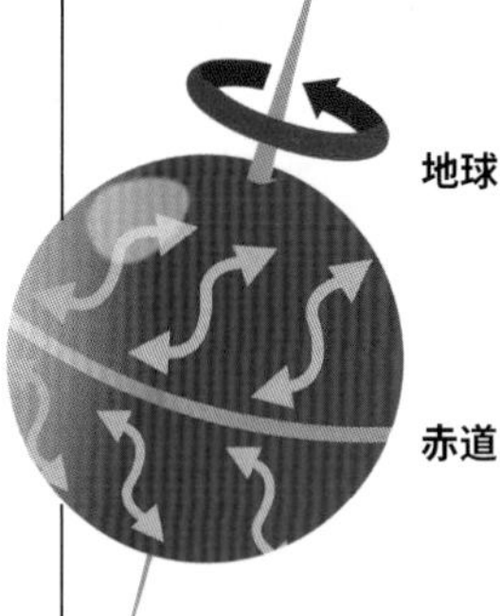

科里奥利效应

科里奥利效应是指在旋转坐标系统内移动的物体的路径会发生明显偏移的现象。由于地球在风的下方旋转，因此科里奥利效应将使得吹过地球表面的风的路径发生偏移。这种偏移十分明显，在北半球是向右的，而在南半球是向左的。由于地球的自转速度，这种效应只有在大的范围内才能被观察到。

费雷尔环流圈
在南北半球的中高纬度地区出现的环流圈。该圈内气流在近地面向着极地方向，而在中间高度上向着赤道方向。

热带辐合带

信风
信风吹向赤道

喷射流

高气压和低气压

热空气上升，在其下方形成低气压区（气旋）。随着空气冷却并下沉，形成高气压区（反气旋）。空气从反气旋区流向气旋区，从而形成了风。热空气在外力作用下向上运动形成云层。

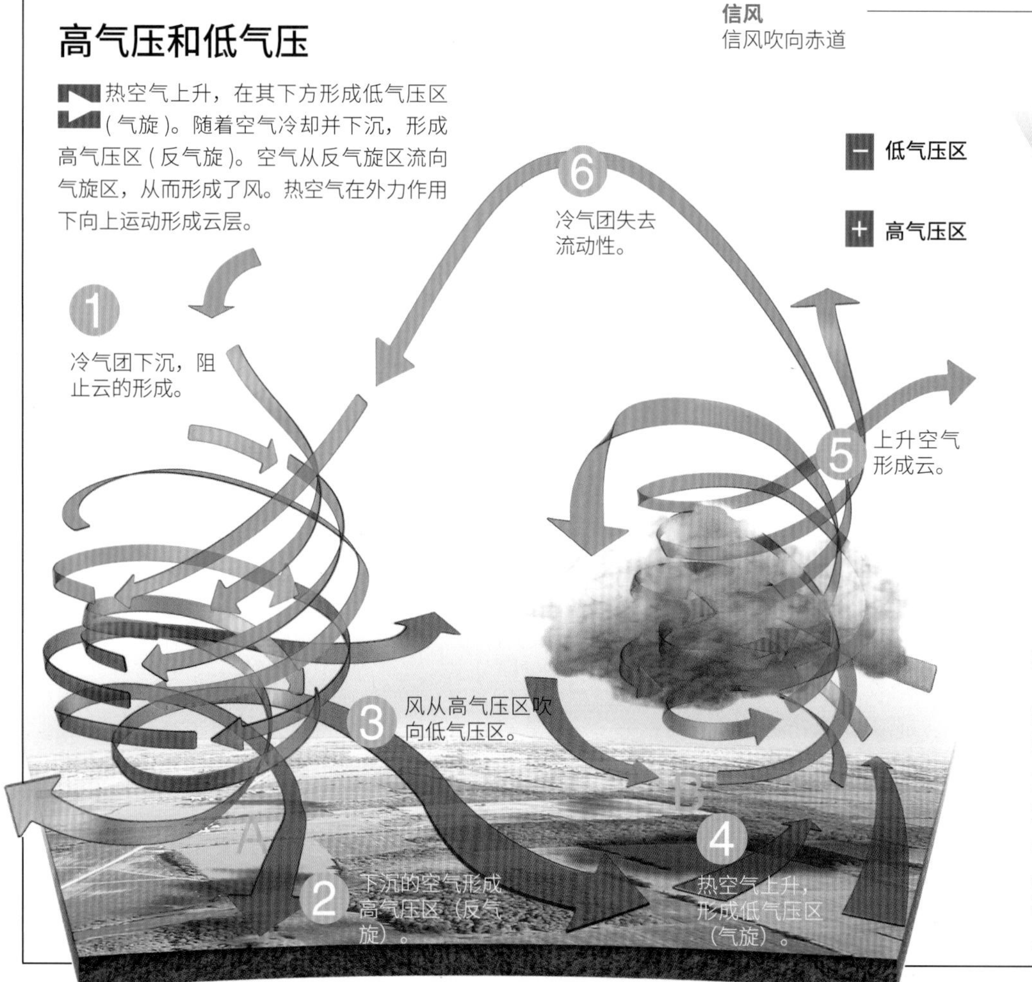

循环变化

地球表面地形的不规律性、温度的急剧变化以及洋流的影响，能改变大气的一般循环，这些情况一般来说会形成与气旋区有关的气流波动。风暴正是在这些地区产生的，因而人们都极为关注气旋并加以研究。但是，必须同时研究反气旋和气旋，因为气旋是由来自反气旋的气流产生的。

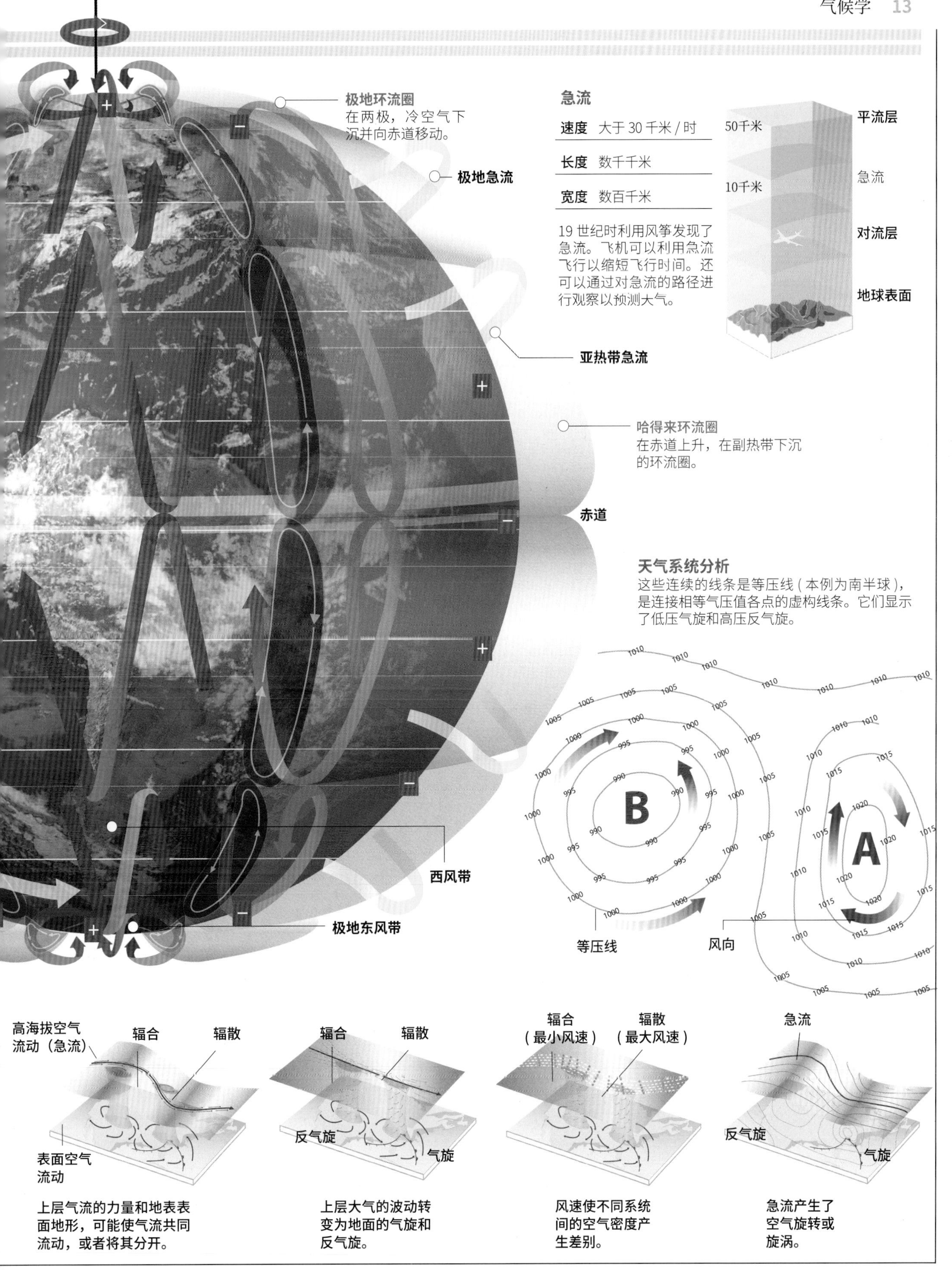

急流

速度 大于 30 千米 / 时

长度 数千千米

宽度 数百千米

19 世纪时利用风筝发现了急流。飞机可以利用急流飞行以缩短飞行时间。还可以通过对急流的路径进行观察以预测大气。

天气系统分析

这些连续的线条是等压线（本例为南半球），是连接相等气压值各点的虚构线条。它们显示了低压气旋和高压反气旋。

上层气流的力量和地表表面地形，可能使气流共同流动，或者将其分开。

上层大气的波动转变为地面的气旋和反气旋。

风速使不同系统间的空气密度产生差别。

急流产生了空气旋转或旋涡。

碰 撞

当两个温度和湿度不同的气团碰撞时，就形成了大气扰动。当热空气上升时，其温度下降造成水汽凝结，形成云层和降水。一团又热又轻的空气总是在外力的作用下向上移动，而又冷又重的空气则呈楔形运动。这股楔形冷空气削去了温暖气团的下端，迫使其以更快的速度上升。这种作用会造成天气的多变，有时会引起暴风雨。

冷锋

当冷空气在风力作用下移动，并与暖空气相遇时，就形成了冷锋。暖空气被推动向上移动，在上升过程中，空气中的水汽形成密集的云团——积雨云。冷锋可以造成温度下降 5~15°C，并伴随不规律的强风。冷锋与上升的水汽团相遇将形成降雨和降雪。如果迅速冷凝，会造成大雨、暴雪和冰雹。在气象云图上，冷锋标识为标明了移动方向的蓝色三角形线条。

罗斯贝波

因科里奥利效应和位势涡度守恒作用下引起的一种大气运动的大尺度振荡。

1 在高对流层急流中形成罗斯贝波。

2 科里奥利效应加剧了极地气流的波动。

3 冷暖空气的迂回曲折，提供了形成气旋所必需的条件。

静止锋
移速缓慢、锋线摆动或短时静止的锋，是形成阴雨的主要锋系。

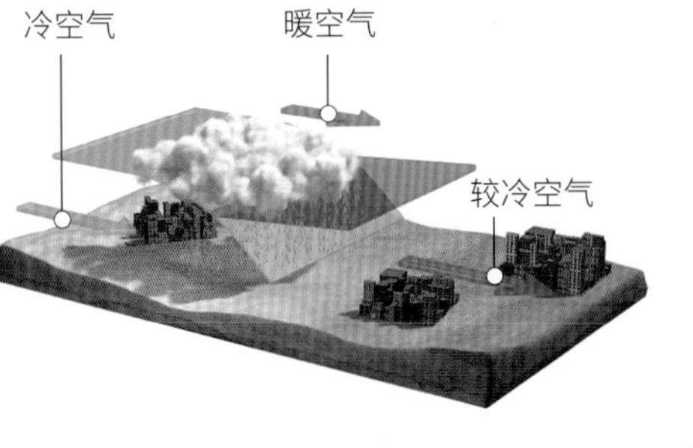

暖锋

暖锋由风力的作用而形成。暖气团占据此前由冷气团占据的地区，冷气团比暖气团重，与地面接触产生的摩擦力使其移动速度减缓。暖锋上升并在冷气团上方滑动，这通常会造成地面的降水，形成小雨、小雪或雨夹雪，并伴有微风。暖锋出现的第一个迹象，是在向前移动的低气压中心前方大约1 000 千米出现卷云。接下来，在气压降低时形成不同的云层，例如卷层云、高层云和雨层云。

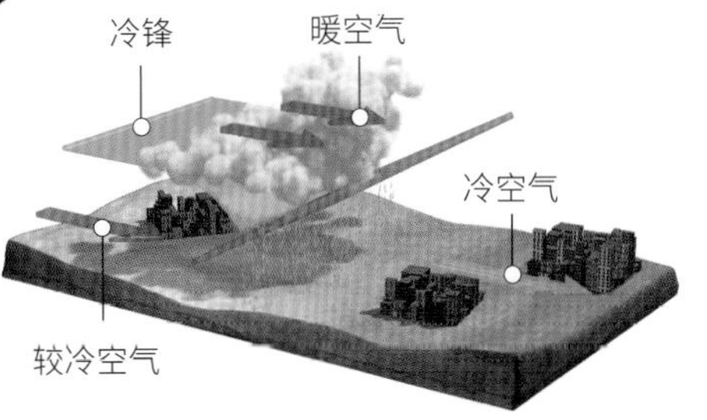

锢囚锋
当冷空气代替地面的较冷空气，并伴有暖气团飘浮其上时，就形成了冷锢囚锋。当较冷空气出现在冷空气之上时会出现暖锢囚锋。这些锢囚锋与降雨或降雪、积云、温度小幅浮动和微风有关。

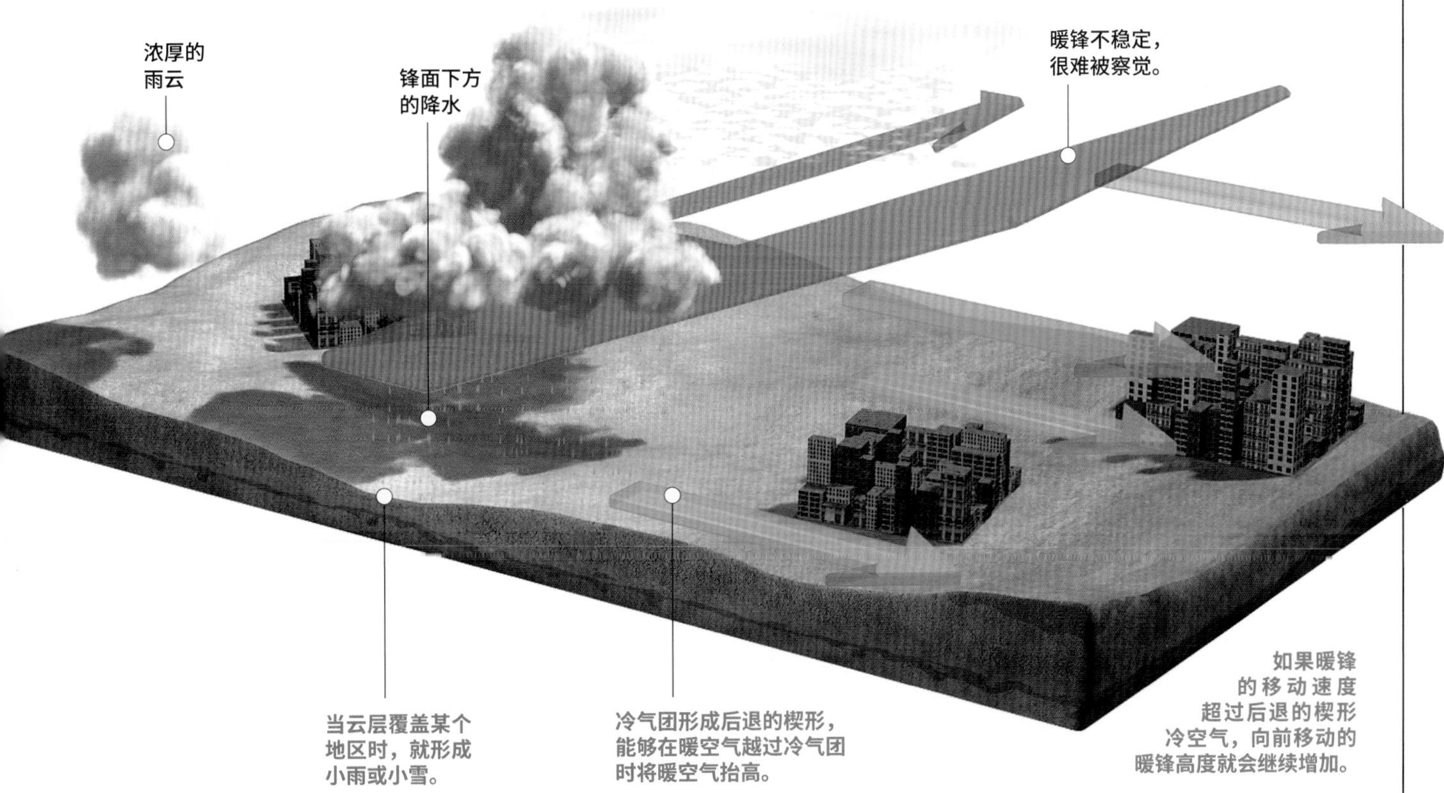

极光

太阳的活动在地球两端磁极周围形成无与伦比的自然美景——极光。一般来说，太阳风越强，极光就越耀眼。极光可呈带状、弧状、幕状或放射状。它们被称为北极光或南极光，这取决于它们出现在北极还是南极。可以在美国阿拉斯加州、加拿大及欧洲斯堪的纳维亚半岛等地观赏到北极光。

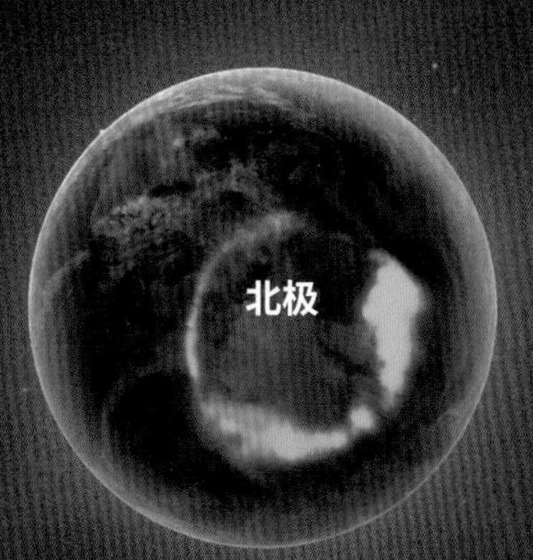

北极光的卫星图像

太阳风

太阳风是日冕因高温膨胀而不断向行星际空间抛出的粒子流。

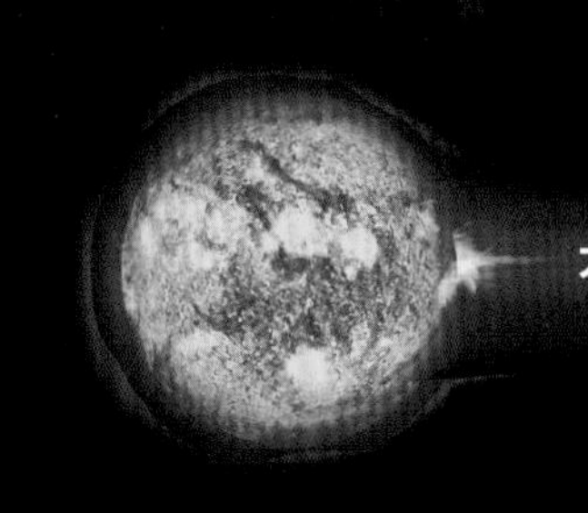

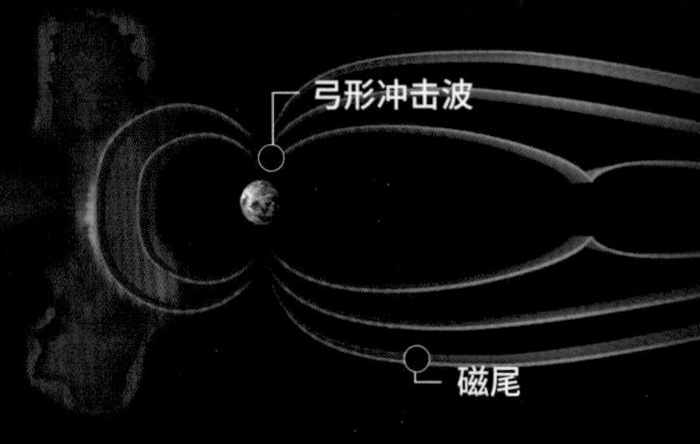

太阳风的危害
影响地球的空间环境，破坏臭氧层，干扰无线通信。

如何产生

极光是由来自太阳的粒子与地球磁场接触时发生冲击而产生的。它们呈现出各种颜色，取决于它们产生时所在的高度。另外，它们展示了地球磁层的功能之一，就是保护地球免受太阳风的影响。

1 000千米

这是极光能够达到的高度。在太空中，它看起来就像一个围绕着地球磁极的圆环。

钠原子和分子
发出黄色的光。

氧原子和分子
发出绿色的光。

氮原子和分子
发出紫色、蓝色以及红色的光。

磁层

对流层

中间层

1 与原子、分子相撞

大气中的原子、分子受到太阳粒子的冲撞。这种现象在磁层出现。

2 被激发

在被冲击之后，原子和分子得到大量额外的磁性电荷，并以光子的形式释放。

3 形成光

极光呈现丰富的色彩，这是由相撞的高度和速度决定的。可能出现的颜色有黄色、绿色、紫色、蓝色、红色等。

地球

地球磁层负责保护地球免遭致命、有害的太阳风的危害。

极光卵形环

两极

在两极附近更容易见到极光，在北半球被称为北极光，在南半球被称为南极光。

这种现象通常持续

10~20分钟。

气候因素

在各种气象现象中，降水在人类生活中起着非常重要的作用。雨水匮乏会造成干旱、食物短缺和婴儿死亡率上升等严重问题。显而易见，雨水过多或滔天巨浪引起的水量过度也是值得人们警惕和关注的。在东南亚，台风和

越南，1991 年 12 月
密集的季雨导致柬埔寨、越南、老挝和泰国广大地区发生严重的洪涝灾害。

暴雨频繁发生，上百万人因此失去家园，必须迁移到更加安全的地方；另外，他们还有可能因此而感染疟疾等传染性疾病。厄尔尼诺暖流也会影响到数百万人的生活和生产情况。●

流动的水

海洋、河流、云层和降水中的水都处在不断的运动之中。地表水蒸发，云层中的水凝结降落，降水又流动并渗入土壤。尽管如此，地球上的水的总量并不发生变化，水循环推动了水的流动和保存。这种循环从地球表面水的蒸发开始，水汽随着空气上升，空气中的水汽冷却并凝结成水滴，水滴聚集成云。当水滴变得足够大时就开始降落，随着大气温度的变化，变成雨、雪或冰雹回到地面。

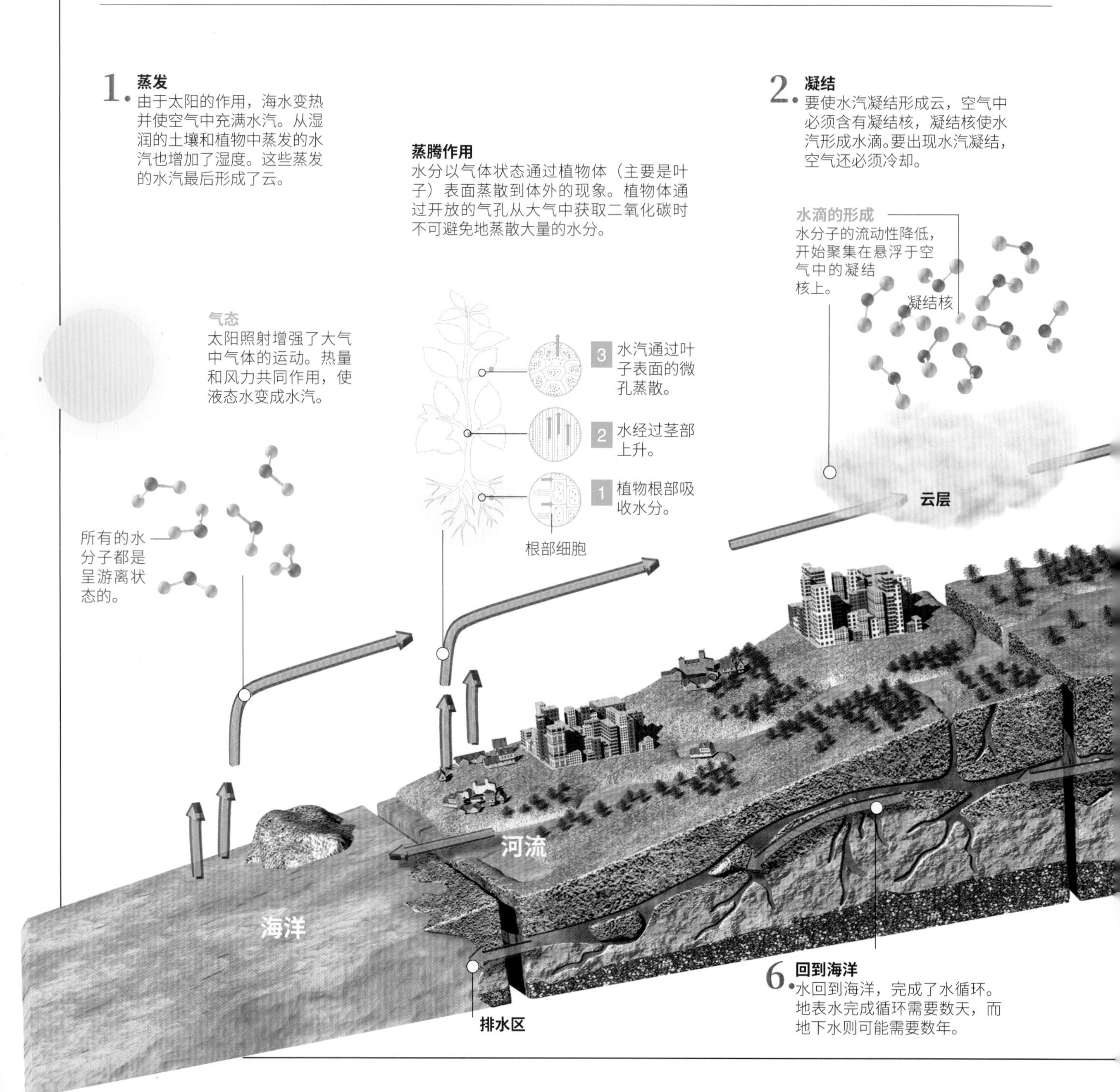

已发现的水资源

只有一小部分是淡水，大部分都是海水。

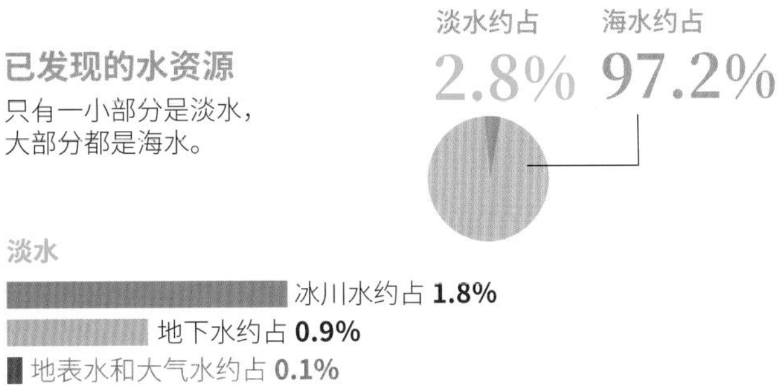

3. 降水

风推动云层向大陆移动。当湿润的空气冷却时就会凝结变成雨、雪或冰雹降落到地面。

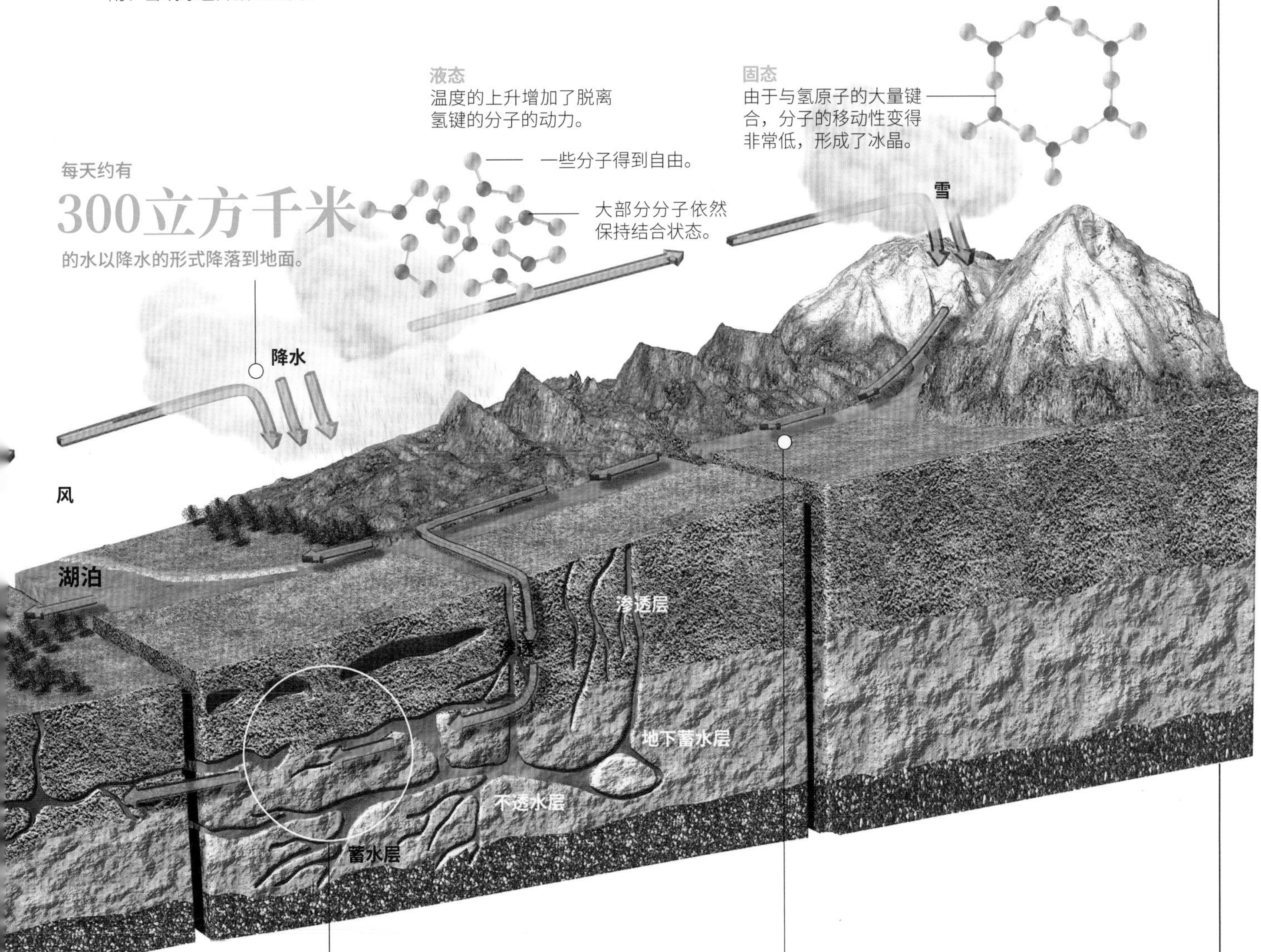

5. 地下水循环

是指含水层中地下水交替更新的过程。

4. 径流

液态水经过河流和山谷在地表流动。在不是特别干燥的气候条件下，这种现象是侵蚀作用和搬运作用的主要影响因素。在干旱时期水体径流会减少。

洋 流

海水以海浪、海潮和海流的形式运动。洋流可分为：表层洋流和深层洋流。表层洋流由风力作用引起，形成海洋中的“大河”，能达到数百千米的宽度。由于赤道附近水温的上升，洋流将热量带到高纬度地区，因此对世界气候产生重大影响。深层洋流是由海水的密度差异造成的。

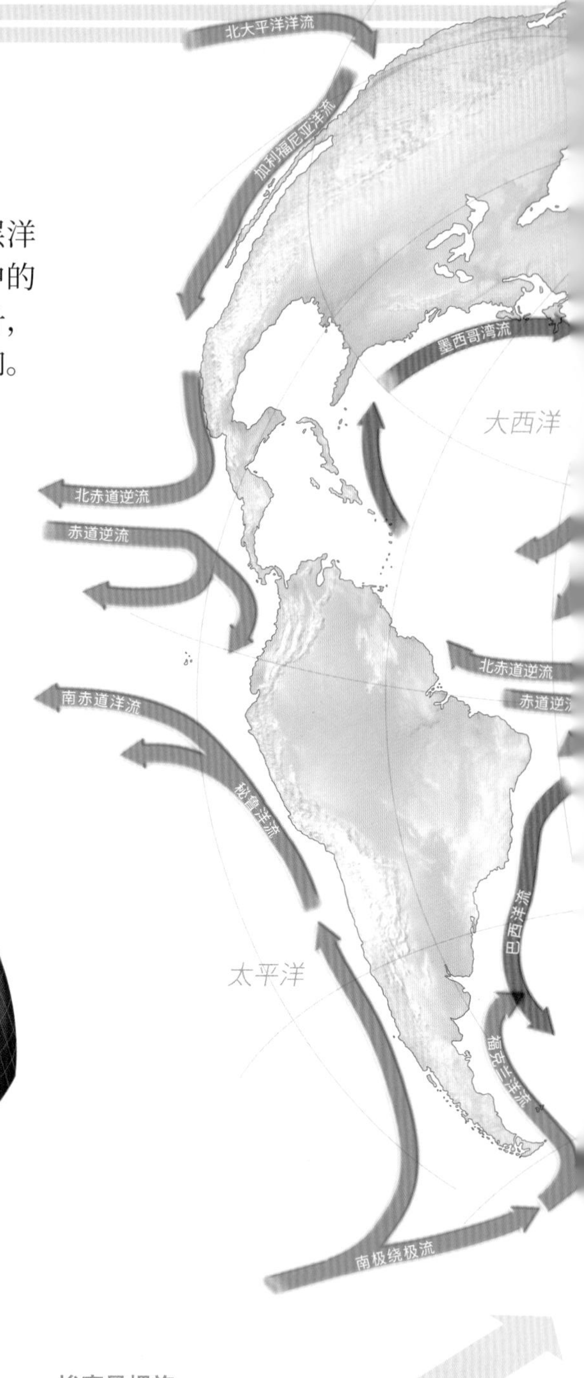

风力作用

海潮和科里奥利效应
科里奥利效应能够影响风向，并推动洋流移动。

北半球洋流沿顺时针方向流动。

南半球洋流沿逆时针方向流动。

地转平衡
科里奥利效应对洋流的偏转被气旋和反气旋之间的气压梯度力所抵消，这种效应被称作地转平衡。

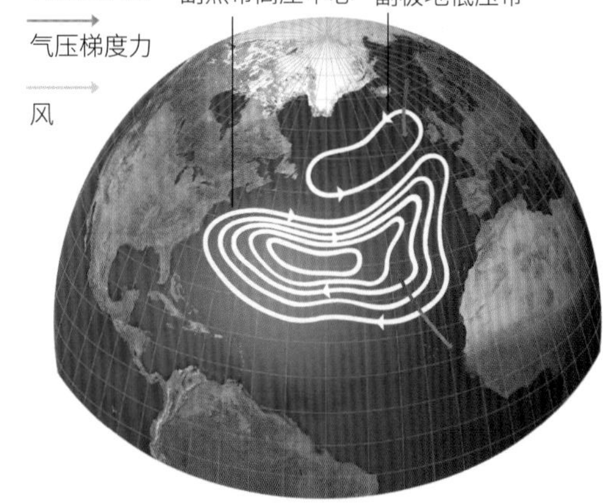

洋流是如何形成的

风能和太阳能使海洋产生表层洋流。

1. 在南半球，沿岸的海风推开表层海水，从而使温度较低的海水上升。

2. 深层海水缓慢上升，这种现象被称为海潮。这种运动会受到埃克曼螺旋效应的影响而变化。

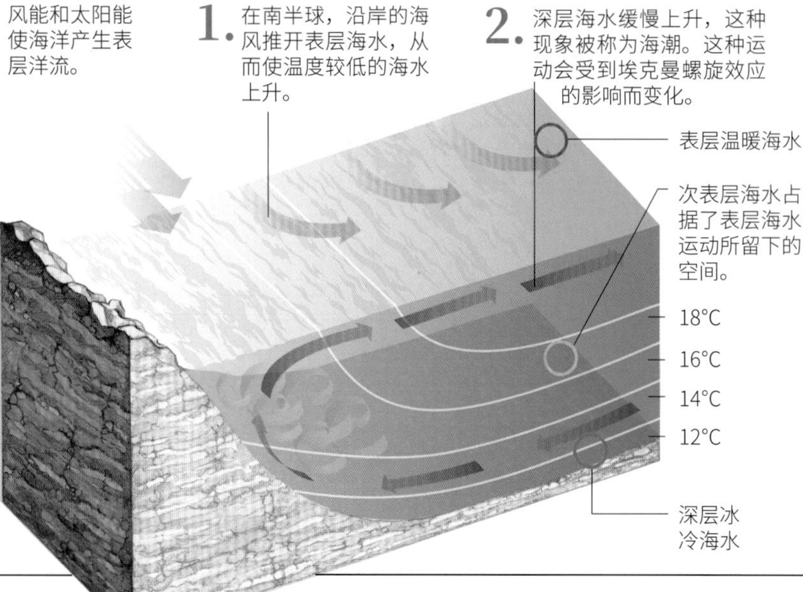

埃克曼螺旋
解释了为什么表层洋流和深层洋流的运动方向相反。

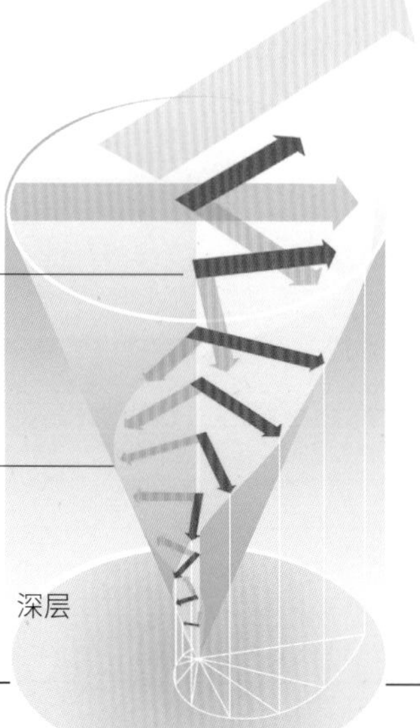

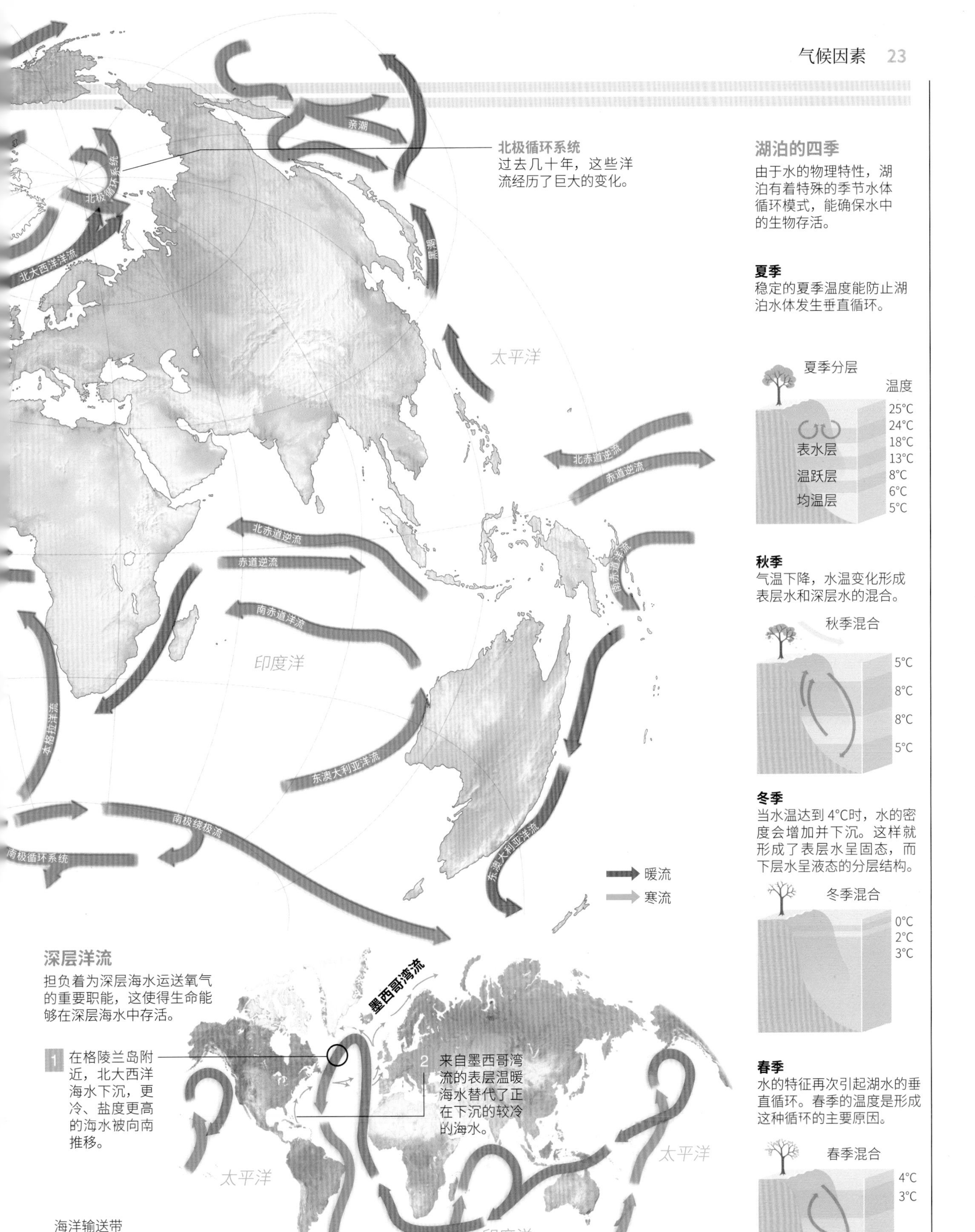

深层洋流

担负着为深层海水运送氧气的重要职能，这使得生命能够在深层海水中存活。

1 在格陵兰岛附近，北大西洋海水下沉，更冷、盐度更高的海水被向南推移。

2 来自墨西哥湾流的表层温暖海水替代了正在下沉的较冷的海水。

湖泊的四季

由于水的物理特性，湖泊有着特殊的季节水体循环模式，能确保水中的生物存活。

夏季

稳定的夏季温度能防止湖泊水体发生垂直循环。

秋季

气温下降，水温变化形成表层水和深层水的混合。

冬季

当水温达到4°C时，水的密度会增加并下沉。这样就形成了表层水呈固态，而下层水呈液态的分层结构。

春季

水的特征再次引起湖水的垂直循环。春季的温度是形成这种循环的主要原因。

起伏不平的道路

山脉是对气候产生重要影响的地理特征。湿润的风与这些矗立的障碍相撞，必须沿其斜坡上升以跨越它们。在上升过程中，空气在迎风坡以降水的形式释放水分，那里空气潮湿，植被茂密。到达背风坡的空气则相当干燥，那里的植被形式通常是稀疏的草场。●

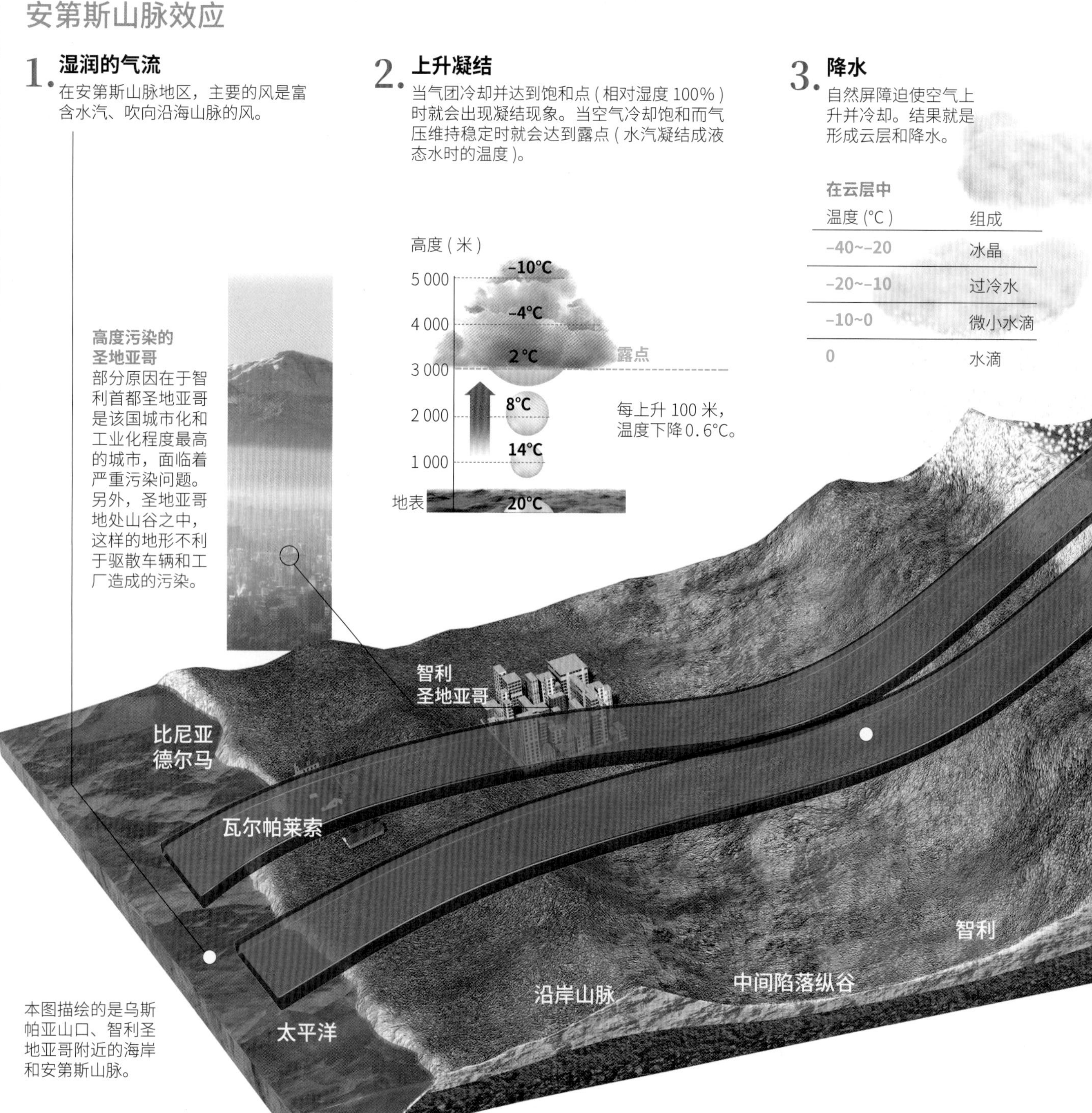

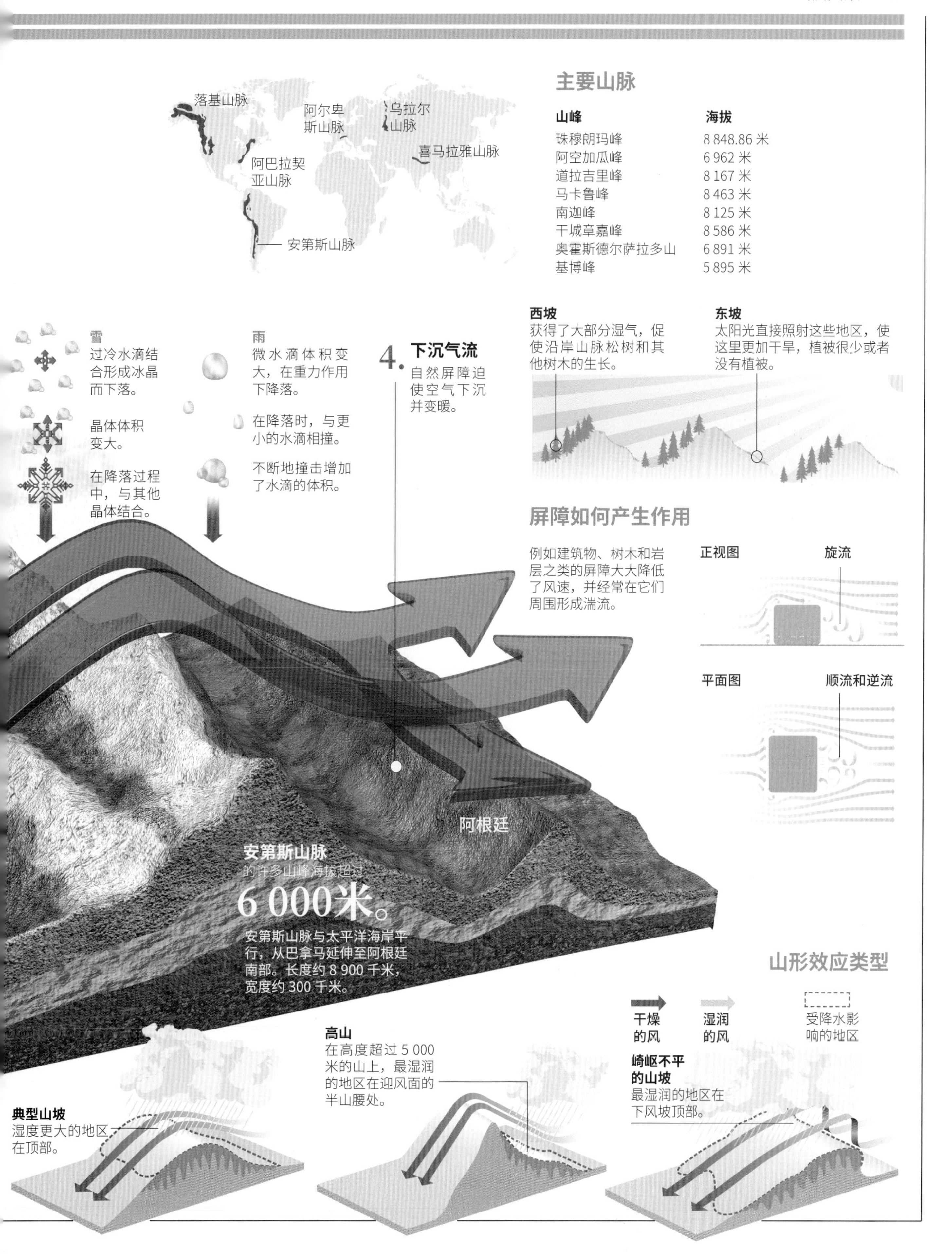

主要山脉

山峰	海拔
珠穆朗玛峰	8 848.86 米
阿空加瓜峰	6 962 米
道拉吉里峰	8 167 米
马卡鲁峰	8 463 米
南迦峰	8 125 米
干城章嘉峰	8 586 米
奥霍斯德尔萨拉多山	6 891 米
基博峰	5 895 米

陆地和海洋

温度的分布，尤其是温度的差异在很大程度上取决于陆地表面和水体表面的分布。特定的热量差异缓和了大型水体附近地区的温度变化。水体吸收和释放热量的速度比陆地慢得多，这就是水体能够使环境变冷或变热的原因，这种影响是毋庸置疑的。另外，陆地和海洋的这种差异也是形成沿海风的原因。天气晴朗时，白天陆地温度上升，使空气迅速上升而形成低压区。这个低压区就会造成海洋微风。●

山风

奇努克风

这种风干燥而温暖，有时温度很高，在世界很多地方都会出现。在美国西部，它们被称为奇努克风，能够让雪在几分钟之内消失。

湿润的风被抬起跨越山坡，在迎风坡形成云层和降水。这种风被称为上坡风。

在背风面，干燥的冷风沿山坡下沉。这种风被称为下坡风。

背风坡

迎风坡

风	特征
奥坦风	干燥温和
山风	干燥温暖
布拉风	干燥寒冷
布里克飞德风	干燥炎热
布冷风	干燥寒冷
哈麦丹风	干燥寒冷
累范特风	湿润温和
密史脱拉风	干燥寒冷
圣塔安娜风	干燥炎热
西洛可风	干燥炎热
屈拉蒙塔那风	干燥寒冷
干热焚风	干燥温和

热岛

城市表面为建筑群的综合体。水泥和沥青在阳光明媚的白天吸收大量热量，在夜晚释放热量。

典型城市的等温线

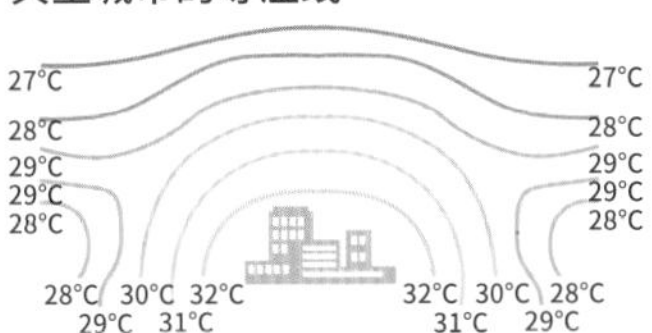

陆性率

在大陆内部，每天的温度差异很大，而在沿岸地区，海洋的作用减小了这种差异。陆性率在美国、俄罗斯、印度和澳大利亚非常明显。

湿沙的反照率约为 25%。

太阳高度角较大时，水的反照率约为 3%~5%。

薄云的反照率约为 50%。

森林的反照率约为 7%~14%。

它们吸收大量热量，但是温度依然偏凉，这是因为大部分的能量被用来蒸发水分。

工厂和车辆向大气排放大量热量。

海洋微风

空气在森林和农村地区趋于下沉。

夜晚，城市缓慢地释放在白天吸收的热量。

流动趋于平衡。

陆地微风

图示

热空气流

冷空气流

沿岸微风

1. 在陆地

白天，陆地比海洋的温度上升速度更快。暖空气上升，并被来自海洋的较冷空气取代。

热 空气 陆地

由于地面传导率低，热量停留在表层，地表会迅速变热。

在海洋

海洋从海岸得到在水边失去热量的空气，由此，变冷的空气向海洋方向下沉。

空气 海洋

由于水的透明度高，热量渗透到更深层的水中。一部分热量在水的蒸发过程中被消耗掉。

2. 在陆地

夜晚，陆地散发热量的速度比海洋更快。

冷 空气 陆地

当夜幕降临，炙热的陆地迅速变冷。

在海洋

热量从水中散失的速度更慢。

冷 空气 海洋

当夜幕降临时，水温温热。

季 风

通常影响热带地区的湿润强风被称为季风，英语中这个词来自阿拉伯语，意思是“季候风”。在北半球的夏季，季风横扫东南亚和南亚。气候条件在冬季发生转变，季风调转风向前往澳大利亚北部地区。这种现象也在美国本土频繁出现，是每年气候循环的一部分，季风的强度和造成的后果给许多人的生活带来影响。

受季风影响的地区

这种现象影响从西非到西太平洋低纬度地区的气候。在夏季，季风带来亚马孙地区和阿根廷北部的降水。这些地区冬季通常降水稀少。

7月份的主要风向

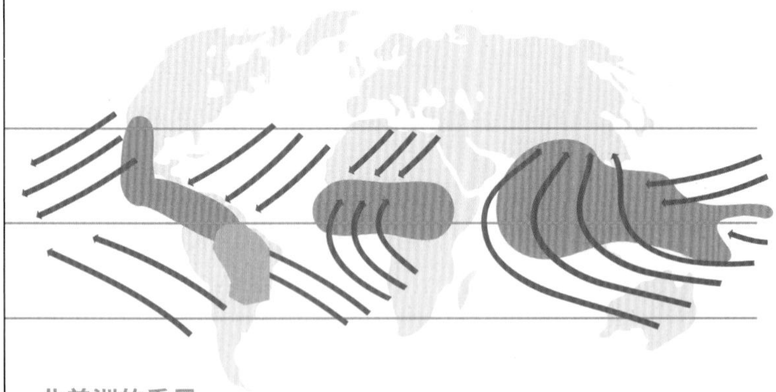

北美洲的季风

5月份，**季风来临前**

7月份，**季风**

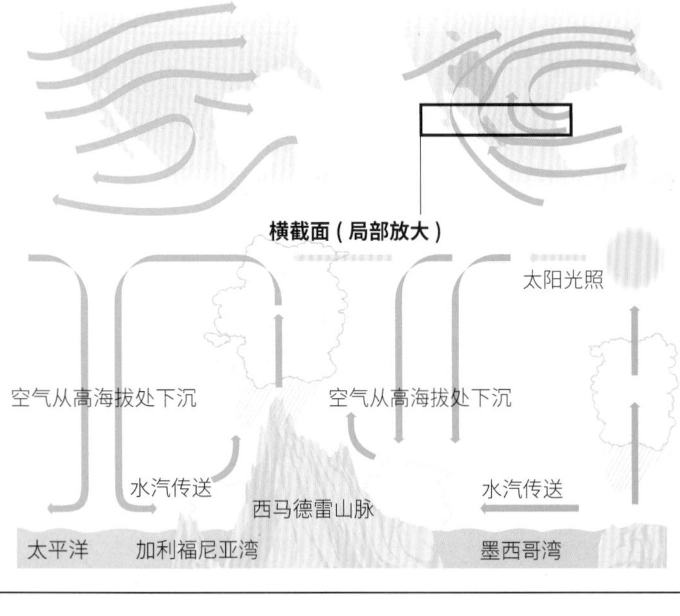

横截面（局部放大）

太阳光照

空气从高海拔处下沉

空气从高海拔处下沉

水汽传送

水汽传送

西马德雷山脉

太平洋　加利福尼亚湾　墨西哥湾

印度的季风是如何形成的

寒冷干燥的风　温暖湿润的风

1 大陆变冷
夏季季风过后，中亚和南亚停止降水，气温开始回落。北半球开始进入冬季。

北半球
目前处于冬季。太阳光斜射，经由较长的距离穿越大气层到达地球表面。由于光照射的地表面积较大，因此其平均温度比南半球低。

南半球
目前处于夏季。太阳光直射地球表面并集中在较小范围的地区，因此平均温度比北半球高。

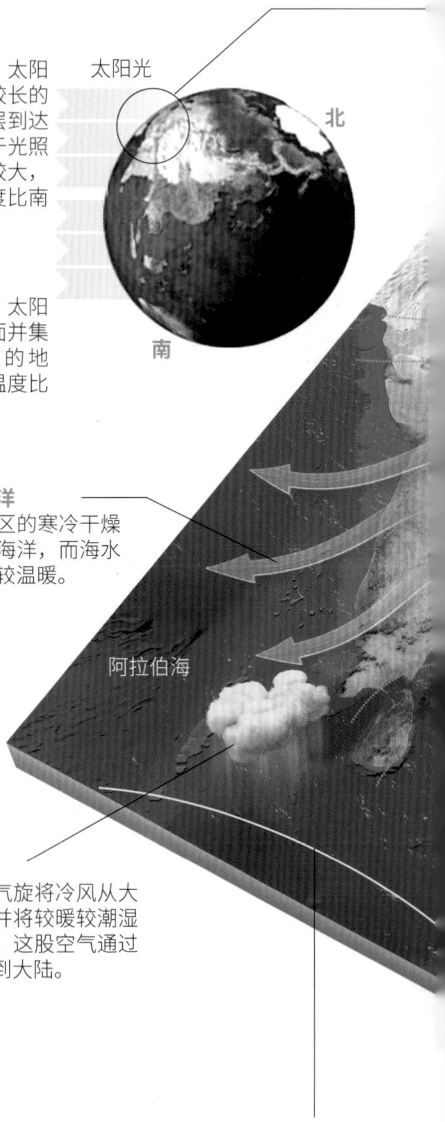

太阳光

北

南

2 从大陆到海洋
支配大陆地区的寒冷干燥气团被移向海洋，而海水温度相对比较温暖。

阿拉伯海

3 海洋风暴
位于海洋的气旋将冷风从大陆吸过来，并将较暖较潮湿的空气抬起，这股空气通过上层大气回到大陆。

热带辐合带的界线

热带地区的影响

南北回归线之间的大气循环会对季风的形成造成影响。从副热带地区吹向赤道的信风受到哈得来环流圈的推动，并在行进过程中在科里奥利效应下偏移。热带地区的风位于环绕地球的低压带，也就是在热带辐合带内出现。当北半球处于温暖时节，热带辐合带季节性地向北移动，就出现了夏季季风。

陆地与海洋间的热量差异

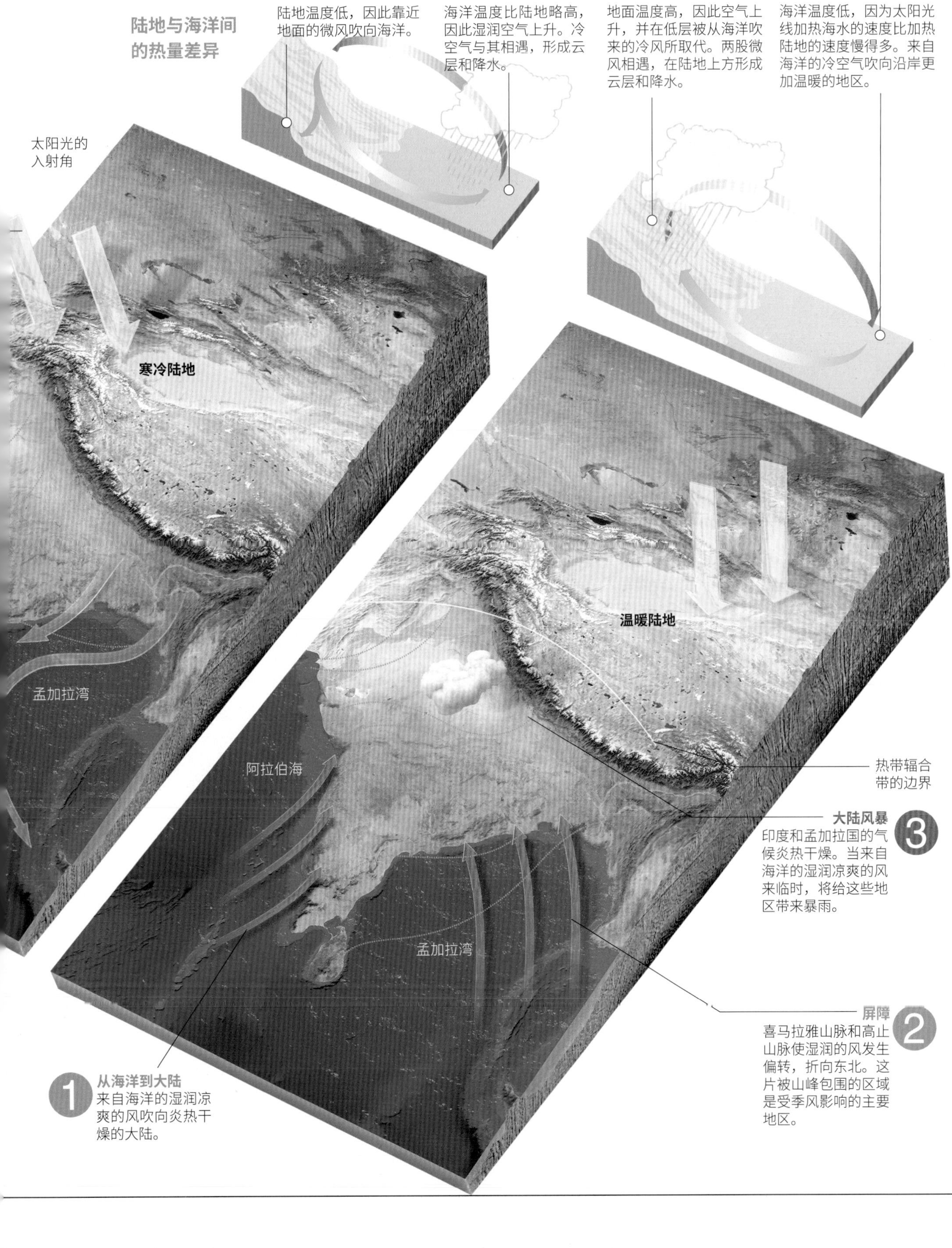

陆地温度低，因此靠近地面的微风吹向海洋。

海洋温度比陆地略高，因此湿润空气上升。冷空气与其相遇，形成云层和降水。

地面温度高，因此空气上升，并在低层被从海洋吹来的冷风所取代。两股微风相遇，在陆地上方形成云层和降水。

海洋温度低，因为太阳光线加热海水的速度比加热陆地的速度慢得多。来自海洋的冷空气吹向沿岸更加温暖的地区。

太阳光的入射角

寒冷陆地

孟加拉湾

温暖陆地

阿拉伯海

孟加拉湾

热带辐合带的边界

大陆风暴 3

印度和孟加拉国的气候炎热干燥。当来自海洋的湿润凉爽的风来临时，将给这些地区带来暴雨。

屏障 2

喜马拉雅山脉和高止山脉使湿润的风发生偏转，折向东北。这片被山峰包围的区域是受季风影响的主要地区。

1 从海洋到大陆

来自海洋的湿润凉爽的风吹向炎热干燥的大陆。

好运和灾难

季风是一种气候现象，它影响着人口密集的印度的生活和经济。在印度，人们庆祝大量雨水的降临，因为雨水的到来结束了极为干旱的季节，但是同时人们又对大雨心存恐惧，不时暴发的洪水冲毁了庄稼和房屋。由于该地区人口密集，自然灾害造成的危害很大，因此，预测灾害并采取相应的预防措施（例如疏散易受洪灾影响地区的人员），是当地农业活动中必不可少的一部分。在暴雨时期，甚至在已经遭受洪灾的地区，当地的农业活动依然继续进行。

丰收来自水中

淤泥使土壤变得更加肥沃，在一定程度上补偿了洪水造成的损失。之后可以在干燥的季节使用堆积起来的湿润土壤进行种植。水稻是一种生长在水田中的作物。

泛滥的河流

恒河与雅鲁藏布江流域是遭受这些降水引发的洪水灾害最严重的地区。短时大量降水影响粮食丰收和经济繁荣。

厄尔尼诺来临

水圈和大气层相互作用，形成了水与空气之间的动态热平衡。如果这种平衡被打破，就会在秘鲁沿岸和东南亚之间出现异常气候，例如厄尔尼诺现象，或者较少出现的另一种现象——拉尼娜，它们是造成异常旱灾和洪灾的元凶，这些灾害2~7年出现一次，影响太平洋沿岸人民的日常生活。

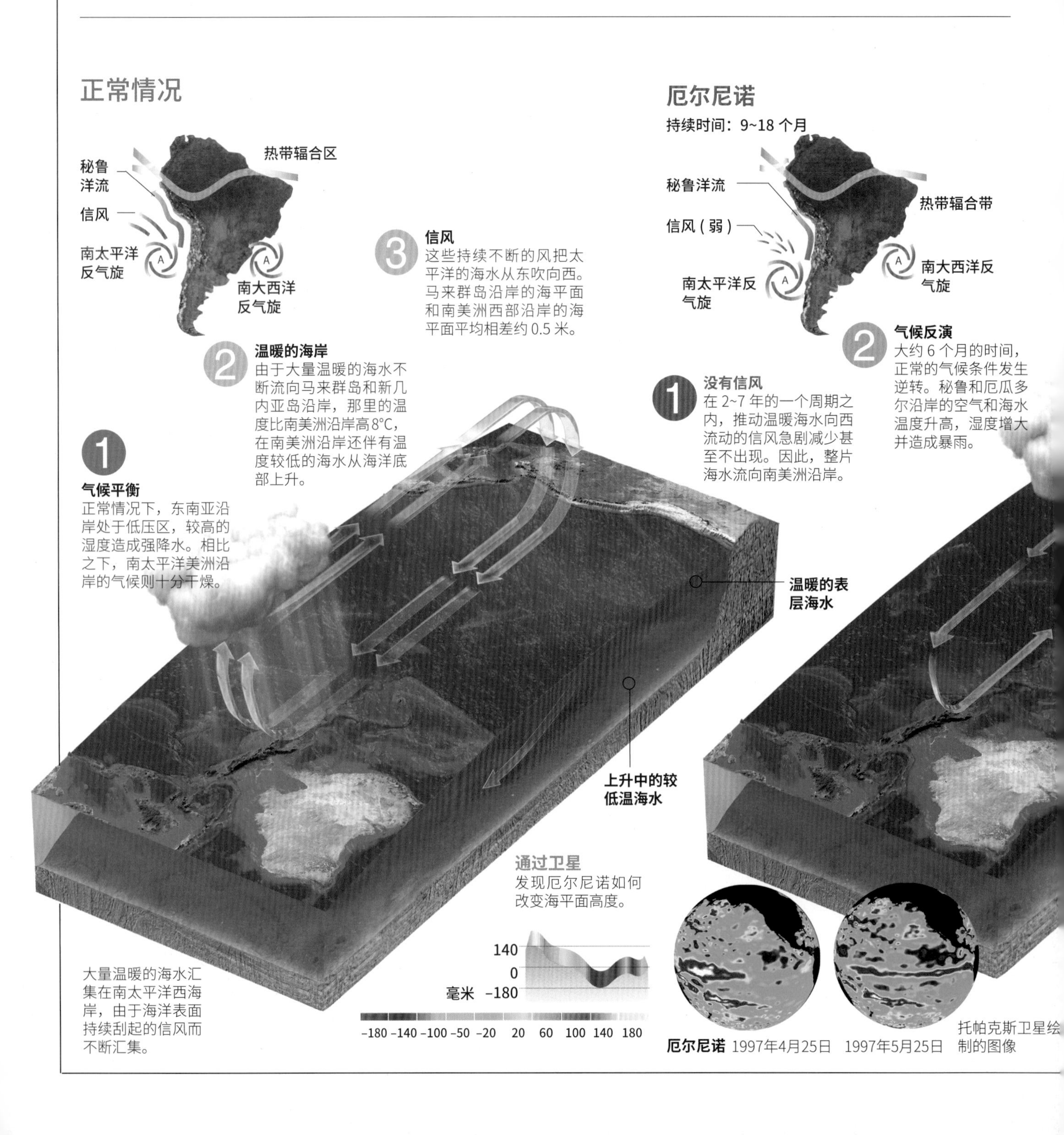

海洋表面温度
图表显示了秘鲁沿岸海水因异常气候现象引起的温度变化。本图显示了1951—2001年厄尔尼诺和拉尼娜现象的交替出现。

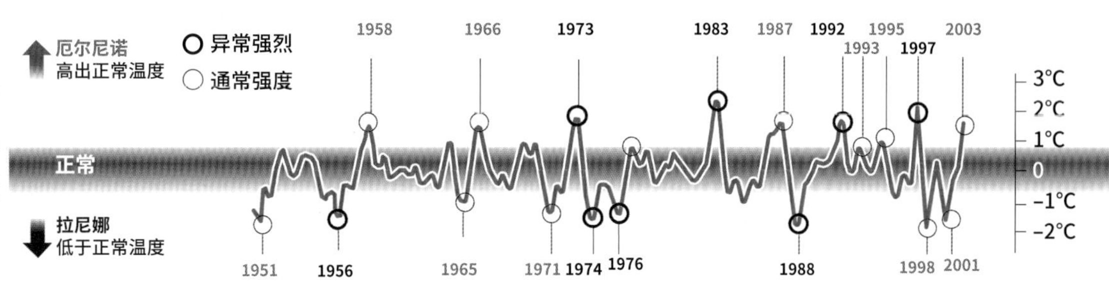

拉尼娜

持续时间：9~18 个月
频率：2~7 年一次

3 人们感受到的厄尔尼诺现象
东南亚经历严重干旱，气压升高，气温下降。在南美洲沿岸，强风和暴雨通常会在干燥地区引发洪灾，并影响动植物。

2 冷流
南美洲西海岸大量温暖海水的总体失调还造成了表面温度低于正常值，同时伴随高气压以及湿度减小。

3 严重干旱
拉尼娜的影响通常没有厄尔尼诺严重。然而，这种气候现象持续时间越短，造成的危害程度就越严重。其影响通常开始于年中，在年末时加重，在下一年减弱。在加勒比海，拉尼娜会造成湿度增大。

1 过度补偿
厄尔尼诺过后一切回归正常，这会成为另一种相反现象——拉尼娜的序曲（尽管不一定总是如此）。受南方涛动的气压水平影响，信风比正常时期更加强劲。

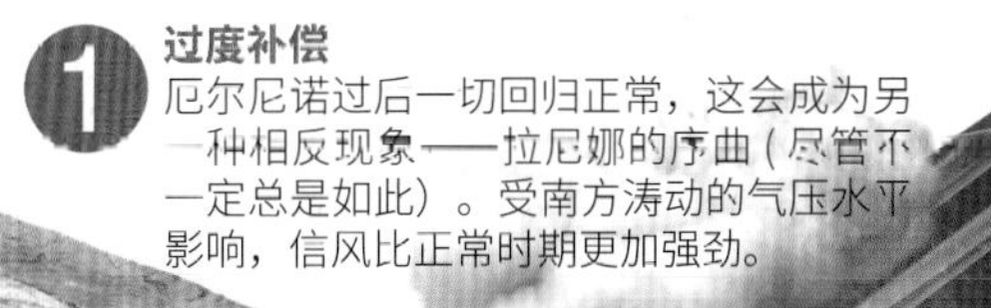

相对温暖的海水被吹向西太平洋。寒冷的海水上升，阻断了所有可能向东流的暖洋流。

相对温暖的海水取代向上流动的较为寒冷的海水，而这种向上流动的较冷海水通常会为南美洲沿岸海域表层带来丰富的鱼类及其他海洋生物。如果没有这种海水循环，渔业的产量将大幅度降低。

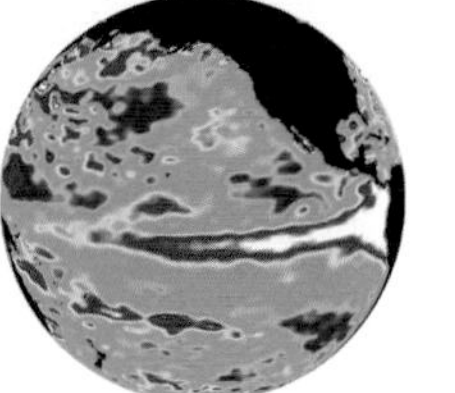
1997 年 6 月 25 日

1997 年 9 月 5 日

拉尼娜 1998 年 7 月 11 日

世界范围内
1997 年厄尔尼诺发生阶段海面温度情况

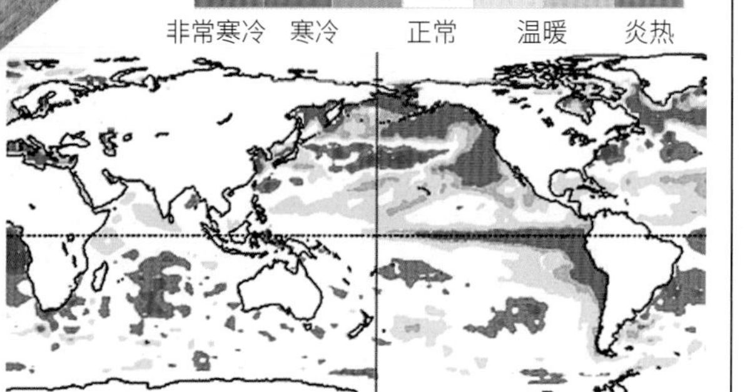

厄尔尼诺效应

被称作厄尔尼诺的自然变暖现象改变了太平洋中东部地区厄瓜多尔和秘鲁沿岸的海水温度，农民和渔民们受到这种温度变化和洋流改向的负面影响。由于气温升高，正常情况下海洋中富含的营养物质在沿岸地区减少或者消失。由于整个食物链受到破坏，其他物种也受到影响并从海洋消失。相反，生活在温暖海水中的热带海洋物种则大量繁殖。这种现象影响着全球的天气与气候，会造成不同地区的洪水、食物短缺、干旱和火灾。

洪水
厄尔尼诺在智利沙漠地区引起的异常洪水和随后的水分蒸发，留下了六边形的硝酸钾沉淀物。

智利阿塔卡马
拉古纳布兰卡盐沼

表面积	约 3 000 平方千米
成因	厄尔尼诺引起的异常洪水和随后的水分蒸发
年份	1999 年

正常情况
富含营养物质的低温海水从海洋底部上升，为作为海洋食物链基础的浮游植物的生长提供了有利条件。

浮游植物促进了微生物、鱼类和其他生物的正常生长。

厄尔尼诺期间
低温海水缺乏，削减了浮游植物的数量，改变了海洋食物链。

各种海洋物种因食物短缺而死亡，或者必须迁移到其他地区。

天气现象

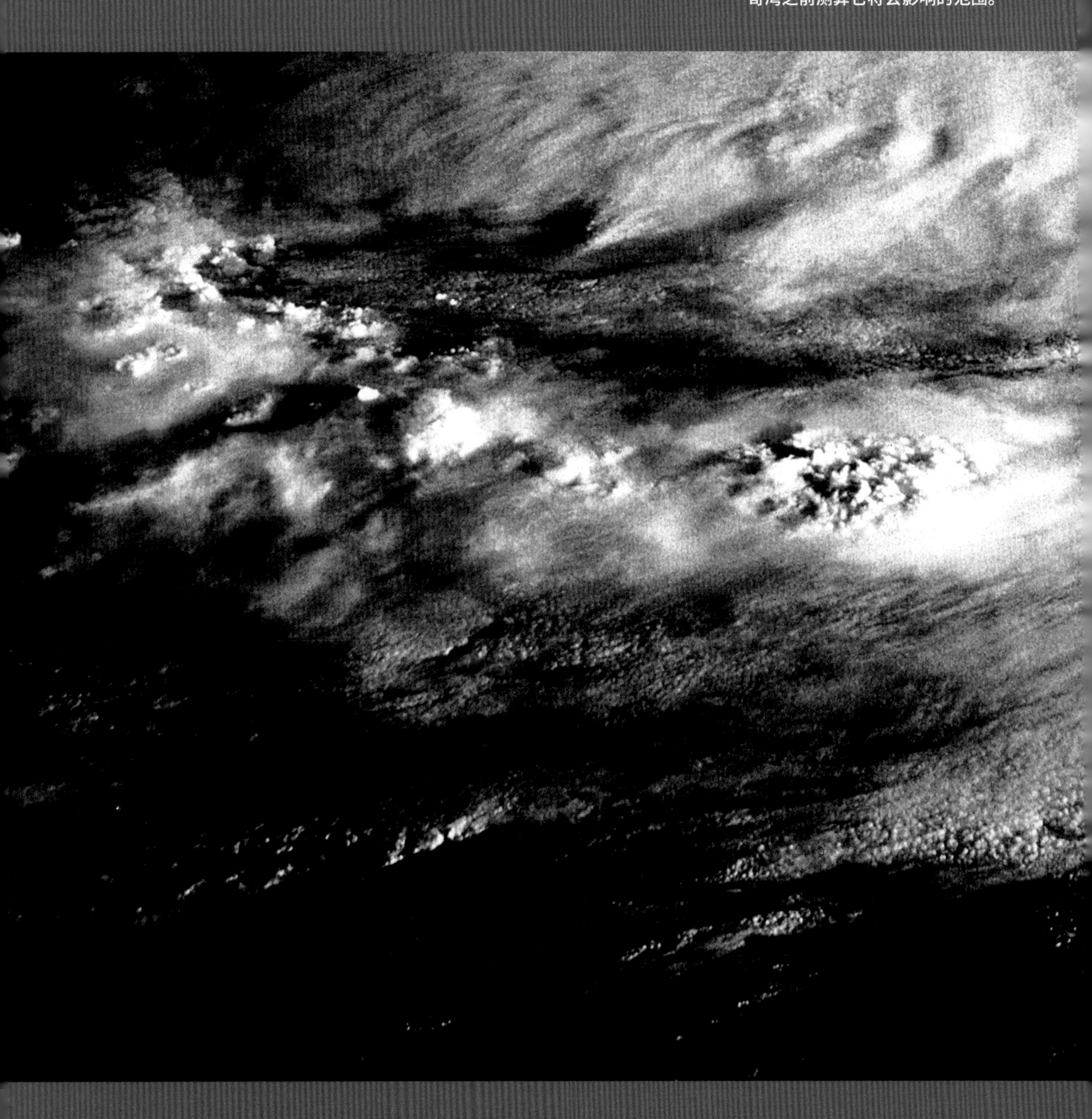

飓风警报

这张飓风埃伦娜的图像是 1985 年 9 月 1 日由航天飞机抓拍到的，气象学家可以据此在其到达墨西哥湾之前测算它将会影响的范围。

热带气旋（世界上不同的地方分别将其称为飓风、台风或热带风暴）会造成严重问题，通常在其所到之处将树木连根拔起，损坏建筑物，破坏耕地并造成人员伤亡。墨西哥湾是地球上频繁受到飓风侵袭的地区之一。为此，政府

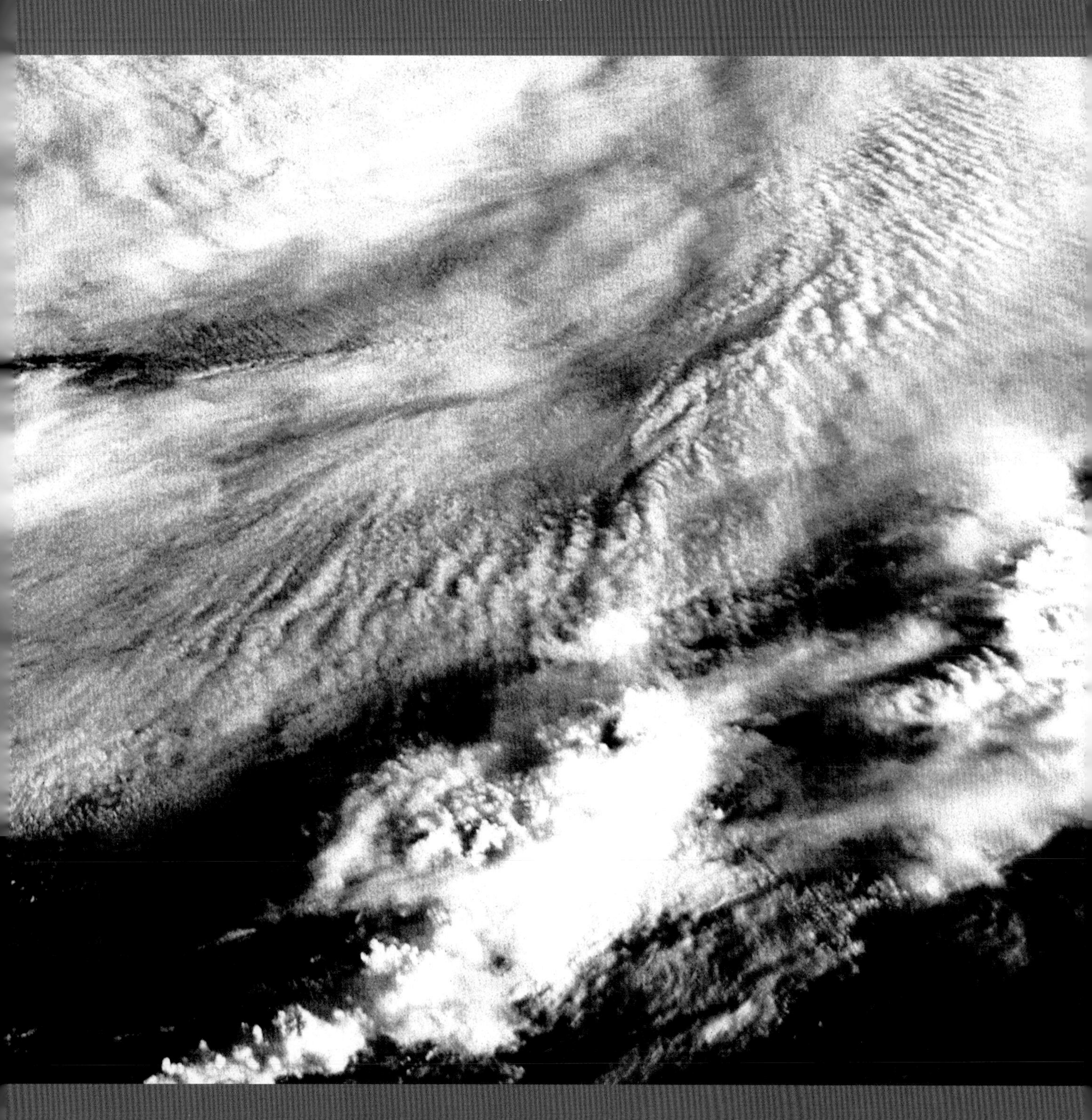

经常组织演习，让民众知道如何做出反应。为了了解飓风如何活动并提高预报的准确性，调查人员需要得到风暴中心的详细信息。使用能够传送清晰图片的人造卫星，对探测和追踪强风提供了极大的帮助，预防了许多灾害的发生。●

多变的形态

云是由大团的水滴或冰晶组成的。空气中的水汽在经过对流层的上升过程中凝结，因而形成了云。上升空气的高度和速度决定了云如何形成。云的形态可以分为卷云、积云、层云等。根据其在海平面以上的高度还可以分为高云、中云和低云。云具有气象价值，因为它们显示了大气层的活动形态。

云的形态分类

名称	含义
卷云	细丝状的云
积云	团块状的云
层云	层状的云

外逸层
500 千米
中间层
85 千米
平流层
50 千米
对流层
8~18 千米

平流层

最接近地球表面，在这层会出现各种气象现象，包括云的形成。

如何形成

当上升空气冷却，直至无法保留其所含的水汽时，就形成了云。在这种情况下，空气中的水含量达到饱和，多余的水汽凝结。

对流
太阳热量加热地面附近的空气，因为它不如周围的空气密度大，这股空气开始上升。

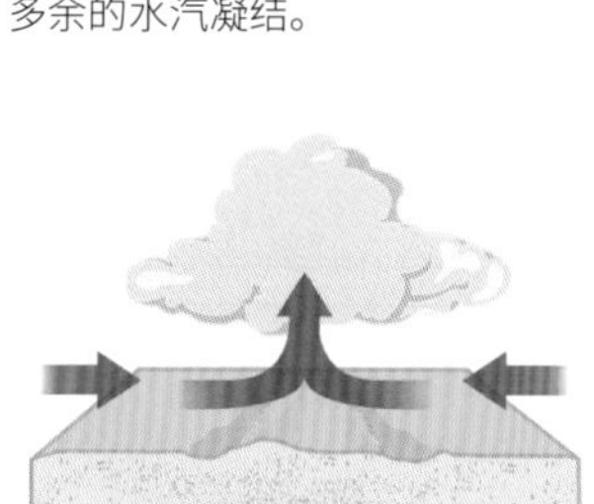

会合
当一个方向的空气遇到来自另一个方向的空气时，就会被抬高。

地理高坡
气流遇到山峰时将被迫上升。这种现象解释了为何山顶经常云层密布，雨水连连。

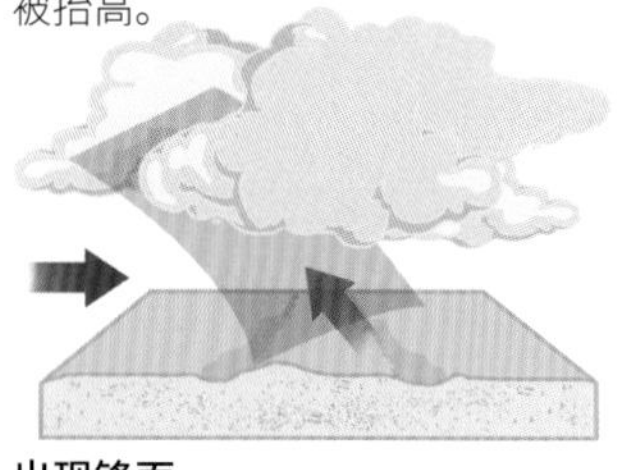

出现锋面
当温度不同的两股空气在锋面相遇时，暖空气将上升，并形成了云。

对

高云

卷层云
面积非常广阔，呈纤维状的透明云幕，有时会遮盖整个天空。

中云

积雨云
垂直发展极盛、云体臃肿高大、顶部已有丝缕状冰晶结构的浓黯云块。

低云

积云
积云通常排列密集，轮廓分明，看似一座棉花山。

1802年

这一年，英国气象学家卢克·霍华德进行了对云层的首次科学研究。

流 层

卷云
位于高空、呈白色丝缕状、由冰晶组成的薄云。

卷积云
为白色无暗影、由小球状或鱼鳞状的云块组成。

高积云
由成群的圆形云块组成，可呈直线或波浪形排列。

高层云
范围宽阔，呈雾状，云层紧实，厚度均匀，略微分层的团块。高层云并不完全遮挡阳光。

层积云
灰色或灰白色呈较大团块或波状结构的云层。

雨层云
雨层云大多数情况下或多或少地预示了将会以降雨或降雪的形式出现持续降水。

层云
低而弥漫的灰白色云，云底均匀，似雾但不触地。

内部

高云、中云、低云三大云族可以再按云的外形特征、结构和成因划分为十类：层积云、层云、雨层云、积云、积雨云、高层云、高积云、卷云、卷层云、卷积云。

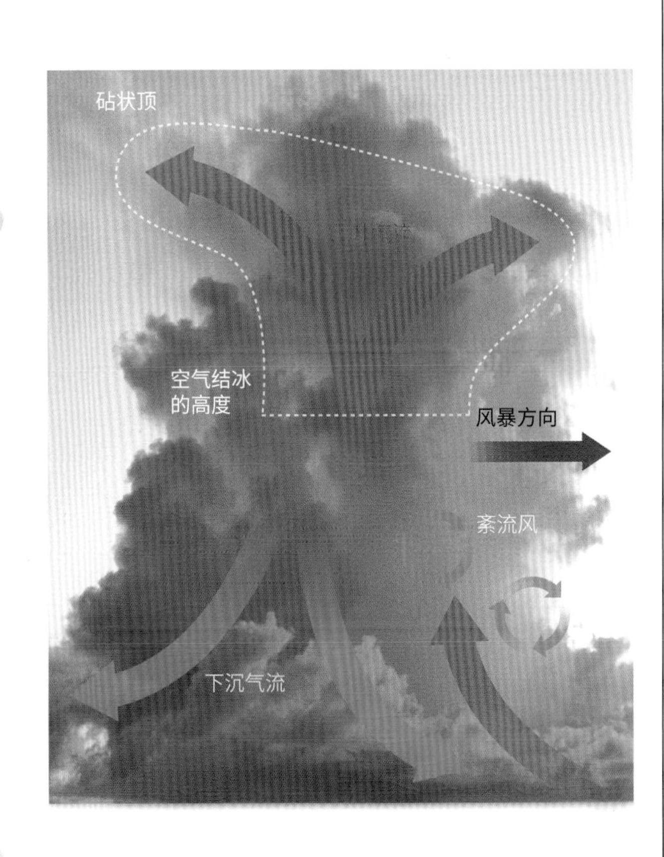

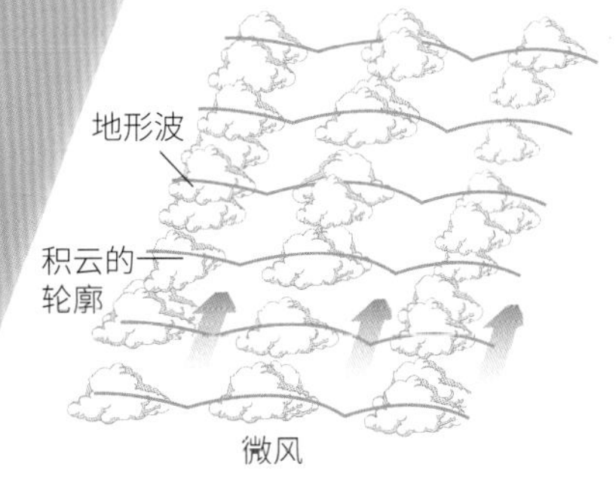

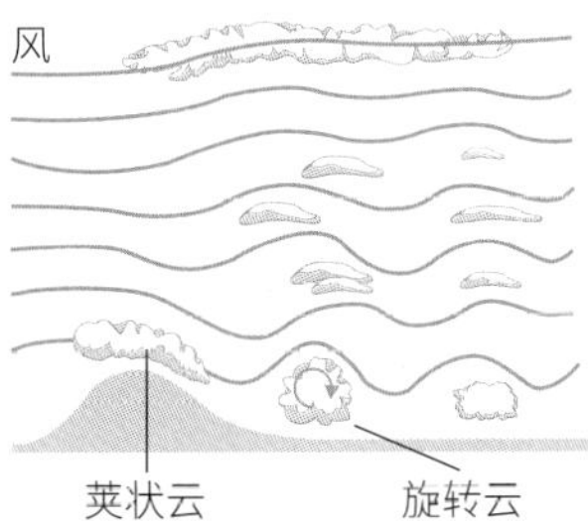

特殊形态

云街
云的形态取决于风及其下方的地形。微风通常使积云像沿着街道那样排列。云的这种波动曲线也可能是因表面热量的差异而形成的。

荚状云
山脉通常在其下风向的大气中形成地形波，在每个地形波顶部形成被地形波固定的荚状云。

降水来临

云里面的空气一直处于运动当中，这个过程使构成云的水滴或者冰晶相撞并融合。在此过程中，水滴和冰晶变得体积过大，以致气流无法承载，便以不同的降水形式落到地面。降水的类型取决于云是含有水滴还是冰晶，或两者兼有。根据云的类型和温度，降水可以是液态的（雨），或者固态的（雪或冰雹）。

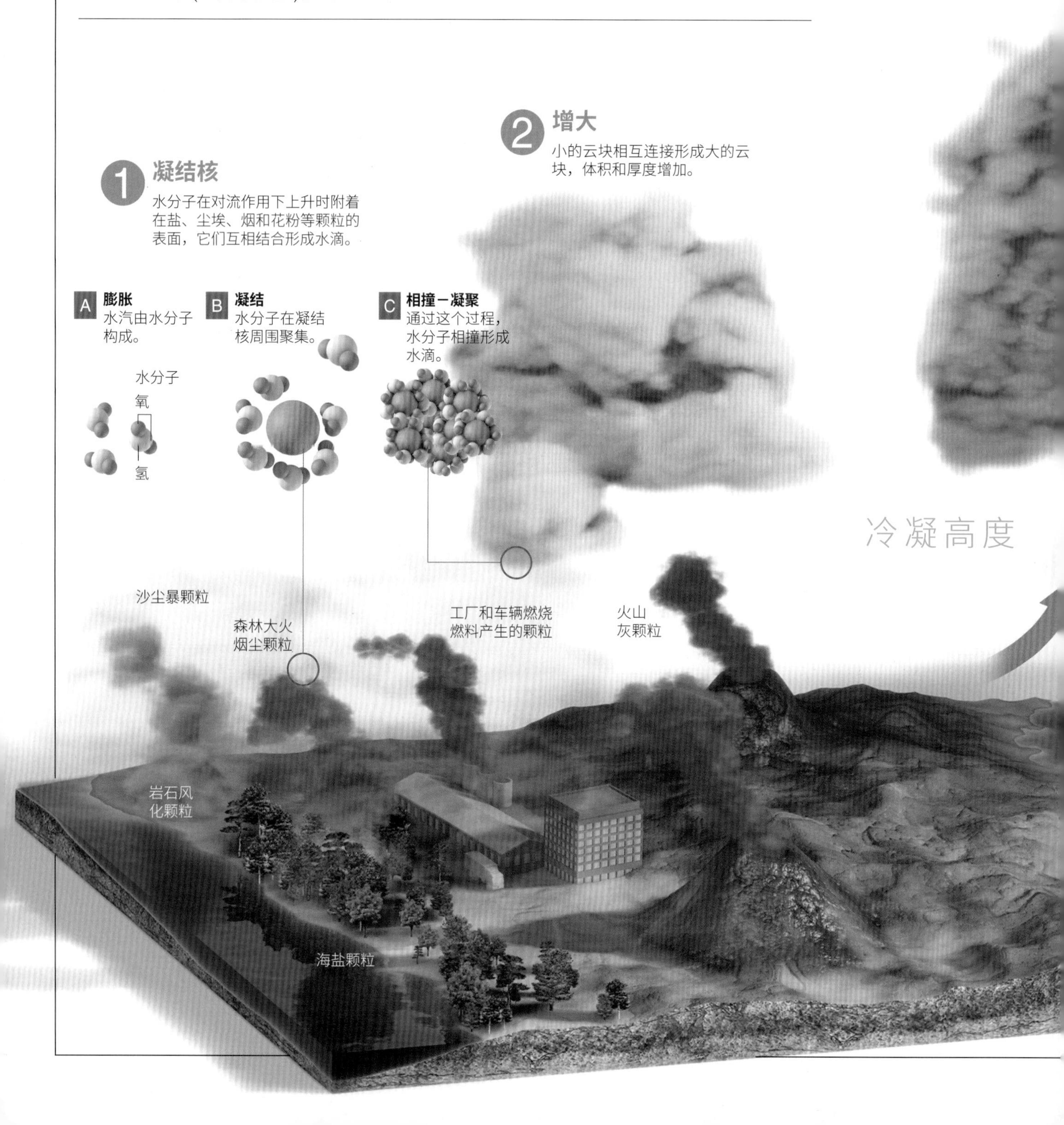

26 875万亿

正常大气条件下，1 立方毫米大气中含有 26 875 万亿个水分子。

6 雪

细小的冰晶在气温达到–20°C时结合成雪花。

水汽凝结体

大气中凝结或冻结的水滴被称为水汽凝结体，包括雨、雾、冰雹、雪或霜。

露珠

水汽在夜间凝结成的极小水滴。此类凝结发生在诸如植物、动物或建筑物等物体的表面。

形态各异

冰晶的形态各异，大多数呈六角形，不过也有三角形和十二角形的。还有的是立方晶体，但只有在对流层最高处温度极低的情况下才能形成。

大部分为
六角形

雪花的直径一般为
0.5~3 毫米

A
垂直气流造成小水滴上升，然后在云中下沉。

B
小水滴结冰，每次被带回到高处云层，就会新结上一层冰。这一过程被称为撞冻，它增加了冰雹块的体积。

霰与冰雹相似，是由白色不透明的球形或锥形（直径为2~5mm）的颗粒组成的固态降水。

C
当冰雹的重量超过上升气流的承受范围时就会降落到地面。

略微呈绿色的云或者颜色发白的雨都预示着雹暴即将来临。

上升暖气流

冰雹

呈固体冰块形式的降水。冰雹在积雨云中形成，冻结的小水滴在这种云中升降时体积变大。

冰雹的横截面

冰层

冰雹的直径一般为
5~50 毫米

1千克

1986 年 4 月 14 日，一颗重达 1 千克的冰雹降落在孟加拉国戈巴尔甘尼。

−3°C
空气温度

5°C
地面温度

霜
当空气低于 0°C时形成霜。

白霜
类似于霜，但比霜更厚。通常在雾天形成。

迷失雾中

大气中的水汽在地面附近凝结时会形成雾。雾是由与烟尘颗粒混合的小水滴形成的。从实质上来说，雾与云类似，但是两者的区别在于其形成方式。空气上升冷却形成云，而雾是由于空气与地面接触，温度下降、水汽凝结而形成的。这种大气现象使能见度降低，影响海洋、陆地和空中交通。轻雾，旧称“霭”，能见度为 1~10 千米。逆温雾有点类似于辐射雾，是热空气在地表附近捕获了冷气团。地形雾则因潮湿气团随海拔高度上升变冷而形成。

50米

强浓雾使能见度降至 50 米以内，影响海洋、陆地和空中交通。在许多情况下，能见度甚至可能为零。

雾和能见度

能见度是衡量观察者在一定范围内透过大气观察物体的能力的标准。能见度以米或千米为单位，是指视力正常者能将大小适度的黑色目标物从背景中区别出来的最大距离。影响能见度的因素有雾、沙尘、烟尘、雪、雨等。各个级别的雾的浓度会对海洋、陆地和空中交通造成不同影响。

强浓雾 浓雾 雾

受能见度影响的交通工具

50 米 200 米 1 000米 2 000米

雾的类型

在寒冷的夜晚，陆地散发白天吸收的热量，会形成辐射雾。当锋面上暖气团中的水汽落入冷气团中，经蒸发，空气中水分饱和，形成锋面雾。当相对温暖的潮湿气团经过温度更低的表面时，空气中的水汽凝结，形成平流雾。

1. 辐射雾
这种雾是由于地球表面辐射冷却造成的。

雾

2. 锋面雾
在暖锋前方形成。

雾

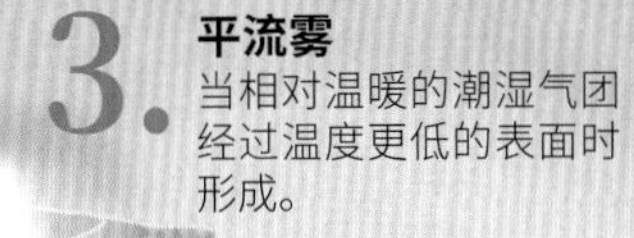

3. 平流雾
当相对温暖的潮湿气团经过温度更低的表面时形成。

雾

在上升过程中，空气中水分逐渐饱和。

上升空气

暖空气

静止的雾

高海拔陆地

风

轻雾
由空气层中悬浮微小水滴或吸湿性潮湿粒子所致，呈浅灰色。

逆温雾
当暖湿气流吹过海洋或湖泊冰冷的水面时会形成逆温雾。水使暖空气冷却，空气中的湿气凝结成水滴。暖空气将冷却的空气囚禁在其下方靠近地面的地方。高海拔的沿岸陆地使这种雾无法渗透到内陆很远的地方。

000米

10 000米
（正常能见度）

闪 电

雷暴在大片积雨云中产生，通常带来暴雨和雷电。风暴在低气压区形成，那里空气温暖，大气密度比周围低。在云里面，大量电荷聚集，然后在云与地面之间、云与空气之间以及云层之间以Z形闪电释放。而闪道中的高温使水滴汽化、空气体积迅速膨胀出现冲击波而产生的强烈爆炸声，就是雷。

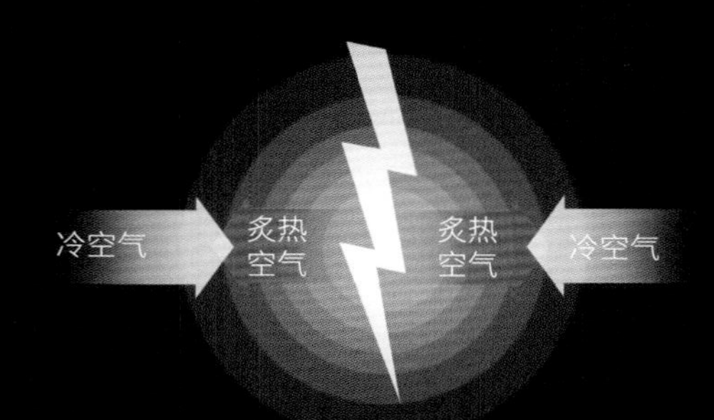

雷

闪道中的高温使水滴汽化、空气体积迅速膨胀出现冲击波而产生的强烈爆炸声。

1. **产生**

闪电在大块的积雨云中产生，带有正电荷或负电荷。

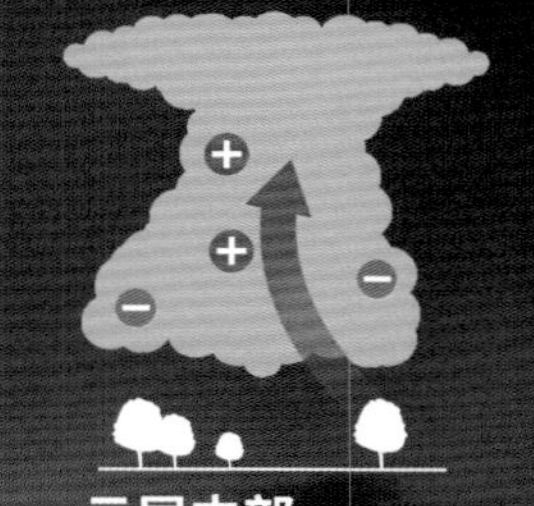

云层内部

冰晶或冰雹晶体碰撞产生电荷。热气流上升，导致云中的电荷转移。

分离

电荷开始分离，正电荷聚焦在云的顶部，负电荷聚集在云的底部。

3. **电荷**

云中的负电荷被地面的正电荷吸引，两个位置之间的电势差异形成了电荷的释放。

感应电荷

在带电体（云层）附近的导体（地面）因静电感应而使其表面出现的电荷。

4. **释放**

通过闪道，电荷从云层向地面释放。

可以根据产生闪电的电荷经由的路径，对闪电进行分类。

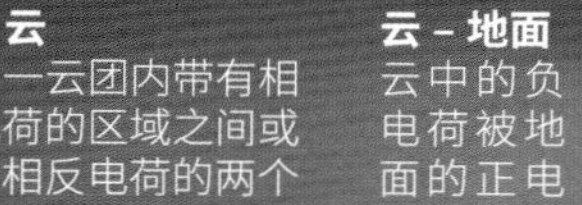

云－大气
电流在云层中向带有相反电荷的气团移动。

云－云
在同一云团内带有相反电荷的区域之间或带有相反电荷的两个云团之间产生。

云－地面
云中的负电荷被地面的正电荷吸引。

避雷针

避雷针与引下线和接地装置配合，能把一定范围内的高空雷电引向自身，泄入大地，以保护周围建筑物或屋外电气装置免遭或少遭雷击。

避雷针是一种用来吸引闪电并将电荷导向地面释放的装置，从而避免由闪电造成的建筑物损坏和人员伤亡。本杰明·富兰克林的一次著名试验促使了该装置的发明。在一次闪电风暴中，他将一只风筝放飞到云中，风筝接收了电流释放，这促使了避雷针的诞生。避雷针是一根金属杆，它被放置在要保护的物体的最顶端，并通过外表绝缘的金属导体与地面连接。避雷针有一个或多个尖头，它的作用是吸引闪电电流并将其传导向地面。

5 **回闪**

在最后阶段，电荷从地面沿闪道向云团上窜。

放电次序

A 闪电通过分岔延伸至地面的闪道扩散。电荷沿该通道向相反方向运动。

B 如果云中还有电荷，就沿第一次电击闪道扩散至地面，并从地面向云层产生第二次回闪。

C 和第二次电击一样，这次放电并无分岔。当回闪放电停止时，闪电过程结束。

雨水汇集

水是生命存活的关键要素，但是水量过多则对人类及其经济活动造成严重影响。当某些通常干燥的地区较长时期被雨水浇灌就会出现洪水。造成洪水的重要原因是雨水过多，河流和湖泊泛滥，以及巨浪侵袭沿岸地区。这些巨浪可以由海面强风造成的高潮引起，也可以由海洋中的地震引起。高墙、堤防、大坝和围栏被用来抵御洪水。

洪涝地区

当土地连日连月地遭受洪灾时，土壤中的空气就会被水替代，造成土壤缺氧，因而影响到植物和土壤中的生物活动。在对土壤造成影响时，如果水中没有足够的盐分，有机物未得到充分的分解，加上营养物质被大量冲散，土壤的酸性就会增加。如果水中含有大量盐分，这些盐分会留在土壤中，这将造成另一个问题：盐渍化。

泛滥平原

是指河水泛滥所携泥沙堆积在河床两侧的河漫滩上，河水反复涨漫、冲积层不断增厚而形成的低平平原。

减少

土壤中被氧化的成分会减少，从而改变了土壤的特性。

控制洪水

随着堤坝和围栏的建造，易发生洪灾的河流很多得到遏止。

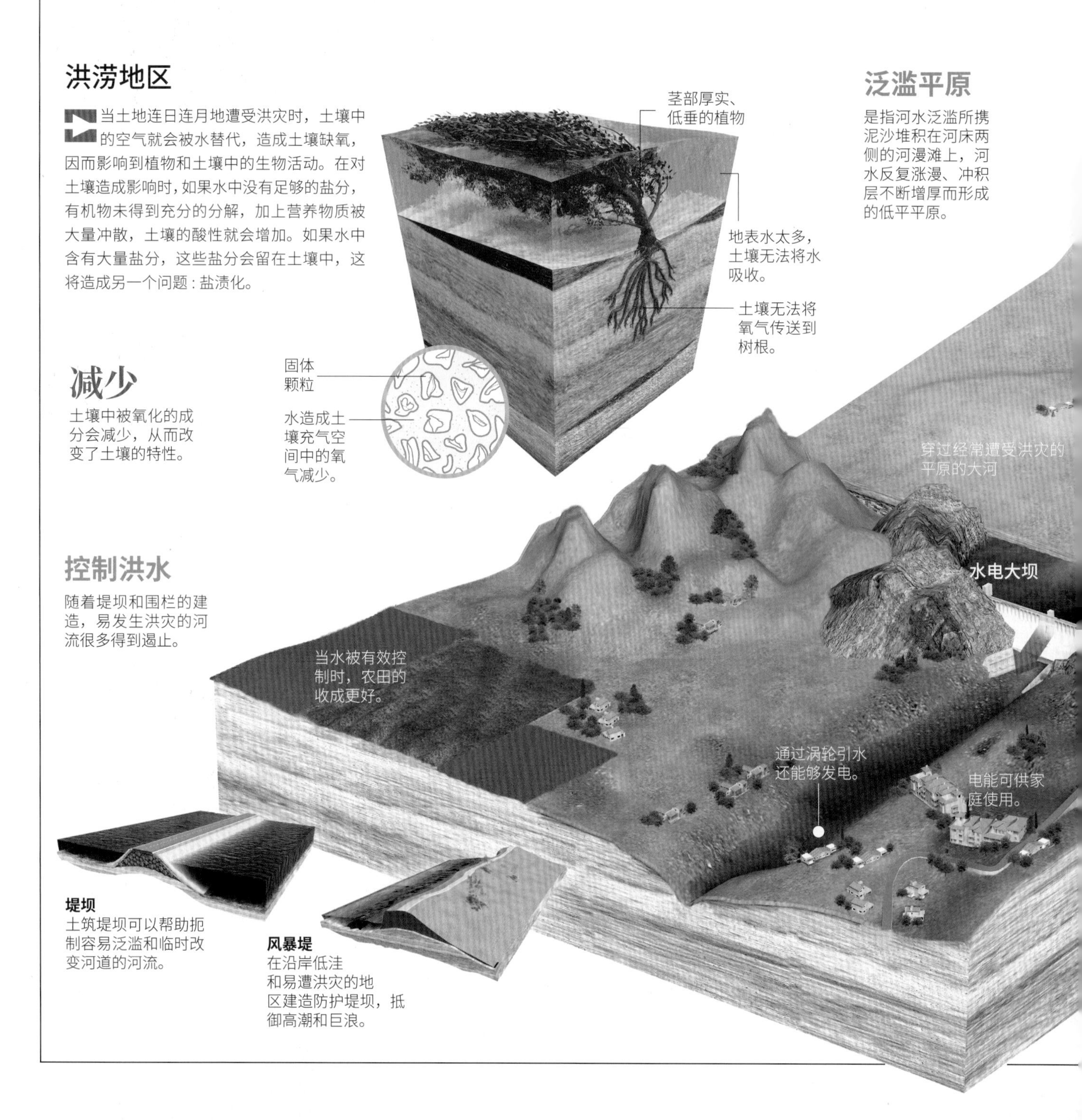

堤坝
土筑堤坝可以帮助扼制容易泛滥和临时改变河道的河流。

风暴堤
在沿岸低洼和易遭洪灾的地区建造防护堤坝，抵御高潮和巨浪。

暴雨
由低气压系统、不稳定气团和高湿度造成。
暴雨
增加了河流和河床的水面高度。
雪
增加河流的流量。
能够渗透到被松树覆盖的河谷山坡的雨水较少或基本没有。
干流
支流
低洼地带
干流无法容纳支流增加的流量。
被水淹没的房屋和树木
河流的自然河道
水电站
为水力发电而建设的由一系列水工建筑物和机电设备组成的综合工程设施。分为常规水电站、抽水蓄能电站、潮汐电站等。
变压器
用来改变电压的设备。
大坝
在河床外储水，以改变水流方向或调节水量。
过滤装置
过滤用于发电的水中的杂质。
水库水位升高
发电机
将旋转涡轮的机械能转为电能的发电设备。
输电线路

雨水匮乏

在沙漠地区，由雨水缺乏造成的干旱极为常见。而在干旱、半干旱和半湿润地区，气候变化导致土壤数周、数月或数年连续退化，就会导致荒漠化。造成这种现象的原因是，高气压中心停留在某个地区的时间比正常时更长。土壤能够忍受一定时期的干燥，但是当地下水位急剧下降时，干旱就会变成一种自然灾害。●

A 降雨
气流变化产生降水。

1 饱和的土壤
降水带来的水分可能会超过土壤能够吸收的量，水向含水层下沉。

固体颗粒
保留的水分

2 气象干旱
当降水量大大低于该地区的正常水平时就会出现气象干旱。这种情况一般是与该地区的平均降水量进行比较而确定的。

干燥的地区
如智利北部的阿塔卡马沙漠，1845—1936 年没有降过一滴雨水。

100多年
非洲的萨赫勒地区已经经受了如此长时间的具有破坏性的干旱期。

图例
● 降水无法保证农作物正常生长和丰收的地区。

美国
1933—1937 年
形成干旱尘暴区。
1962—1966 年
影响东北部各州。
1977 年
在加利福尼亚州实行定量配给供水。

英国
1975—1976 年
降水量不足平均水平的 50%。

萨赫勒

印度
1965—1967 年
干旱造成 150 万人死亡。

澳大利亚
1967—1969 年
发生众多森林火灾。

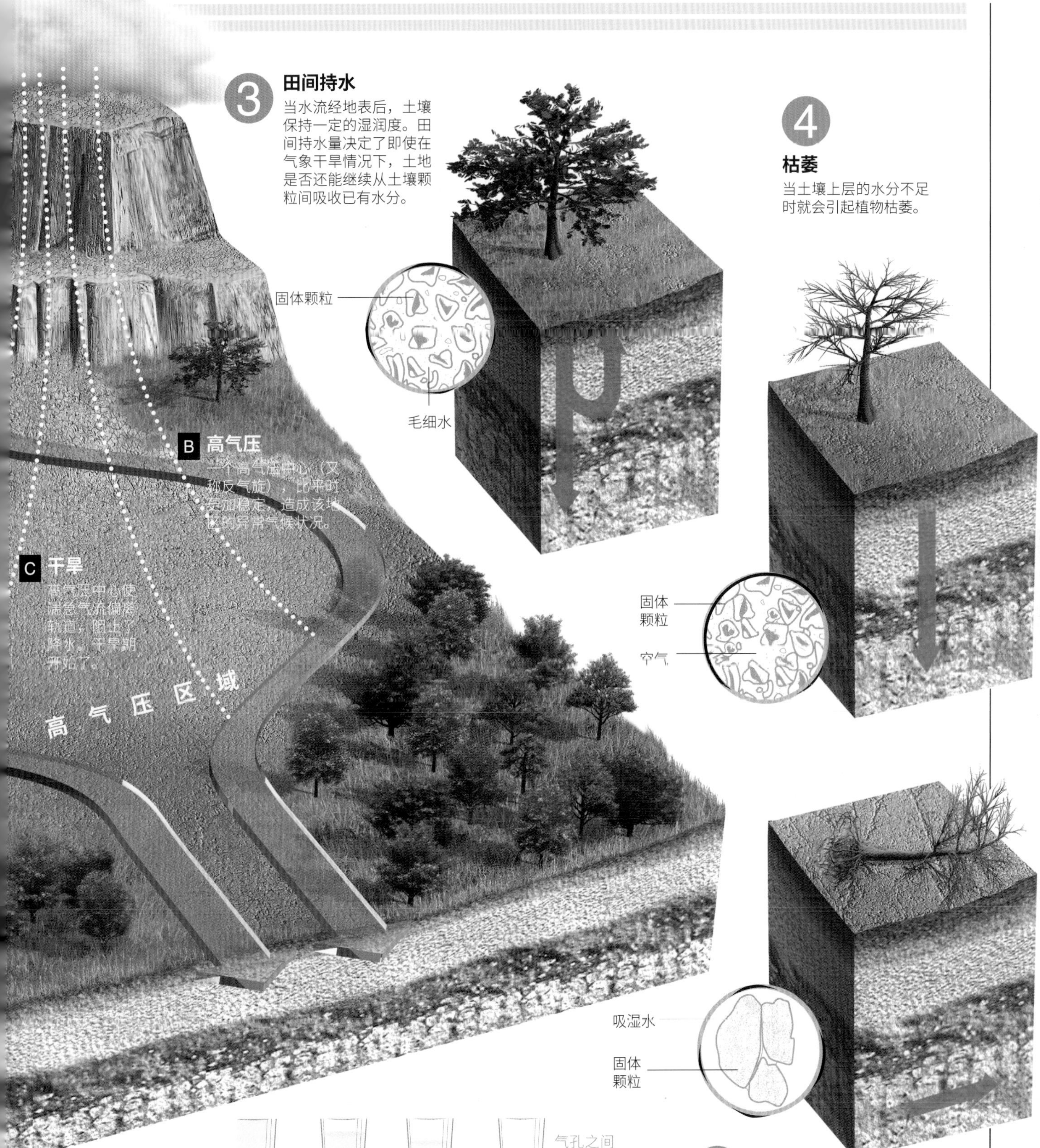
B 高气压
一个高气压中心（又称反气旋），比平时更加稳定，造成该地区的异常气候状况。
C 干旱
高气压中心使湍急气流偏离轨道，阻止了降水，干旱期开始了。
高气压区域
固体颗粒
毛细水
固体颗粒
空气
吸湿水
固体颗粒

3 田间持水

当水流经地表后，土壤保持一定的湿润度。田间持水量决定了即使在气象干旱情况下，土地是否还能继续从土壤颗粒间吸收已有水分。

4 枯萎

当土壤上层的水分不足时就会引起植物枯萎。

5 农业干旱

当土壤中的水仅能达到土壤的最大吸湿量时，就没有可供农作物生长所需的水分了。

土壤中水的比例

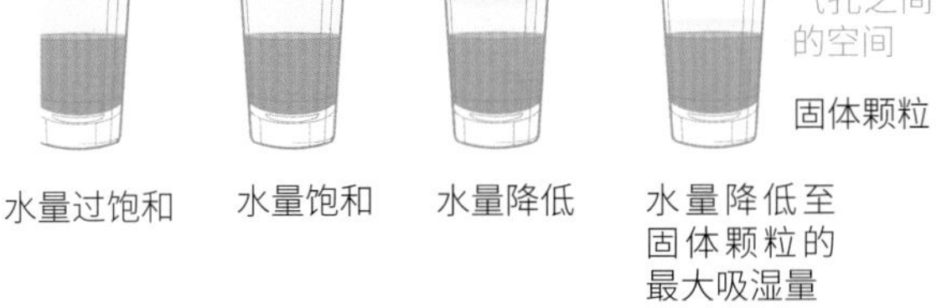
气孔之间的空间
固体颗粒
水量过饱和
水量饱和
水量降低
水量降低至固体颗粒的最大吸湿量

致命的力量

龙卷风是自然界破坏力极强的风暴，它由雷暴产生，是外观呈从天空延伸至地面的漏斗形的强旋风。在这种风暴中，移动的大气与土壤及其他物体混杂在一起，旋转速度可达 480 千米 / 时。它们能将树连根拔起，毁坏房屋，将原本不具危险性的物体变为空中致命的抛射物。一场龙卷风可在几秒钟之内摧毁整个街区。

顶端
龙卷风的顶端仍在云中。

龙卷风能够达到的高度为
12千米。

如何形成

当积雨云中的暖气流上升，并开始在云的顶部受风力作用旋转时，就开始形成龙卷风。从空气柱的底部，空气被吸入不断旋转的螺旋空气柱内部。空气在接近空气柱中心时，旋转速度加快，这就增强了上升气流的力量，空气柱继续扩大直至从云端高处延伸至地面。由于龙卷风的暴发时间很短，很难对其进行研究和预测。

龙卷风能达到的最高速度为

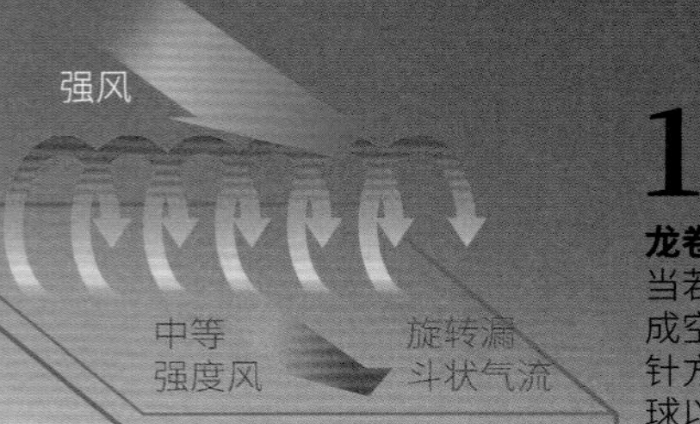

1.
龙卷风起始
当若干股风相遇时，造成空气在南半球沿顺时针方向旋转，而在北半球以逆时针方向旋转。

2.
旋转
空气循环造成风暴中心的气压降低，形成了中心空气柱。

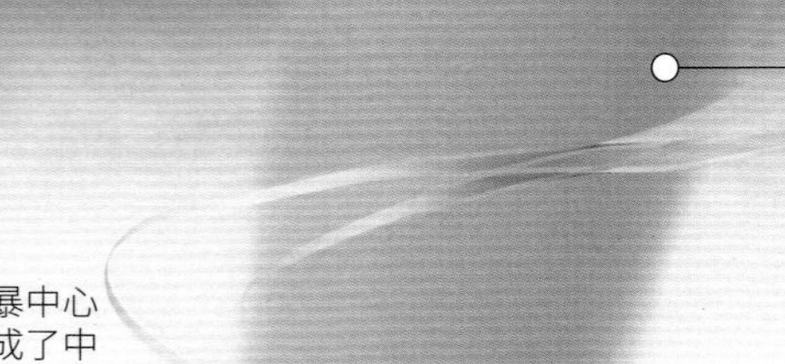

旋涡
龙卷风下端的空气柱，会形成引起狂风并将空气吸入其中的漏斗。它经常带有从地面吸入的尘土的颜色，但有时肉眼无法看到。

多个旋涡
一些龙卷风有许多个旋涡。

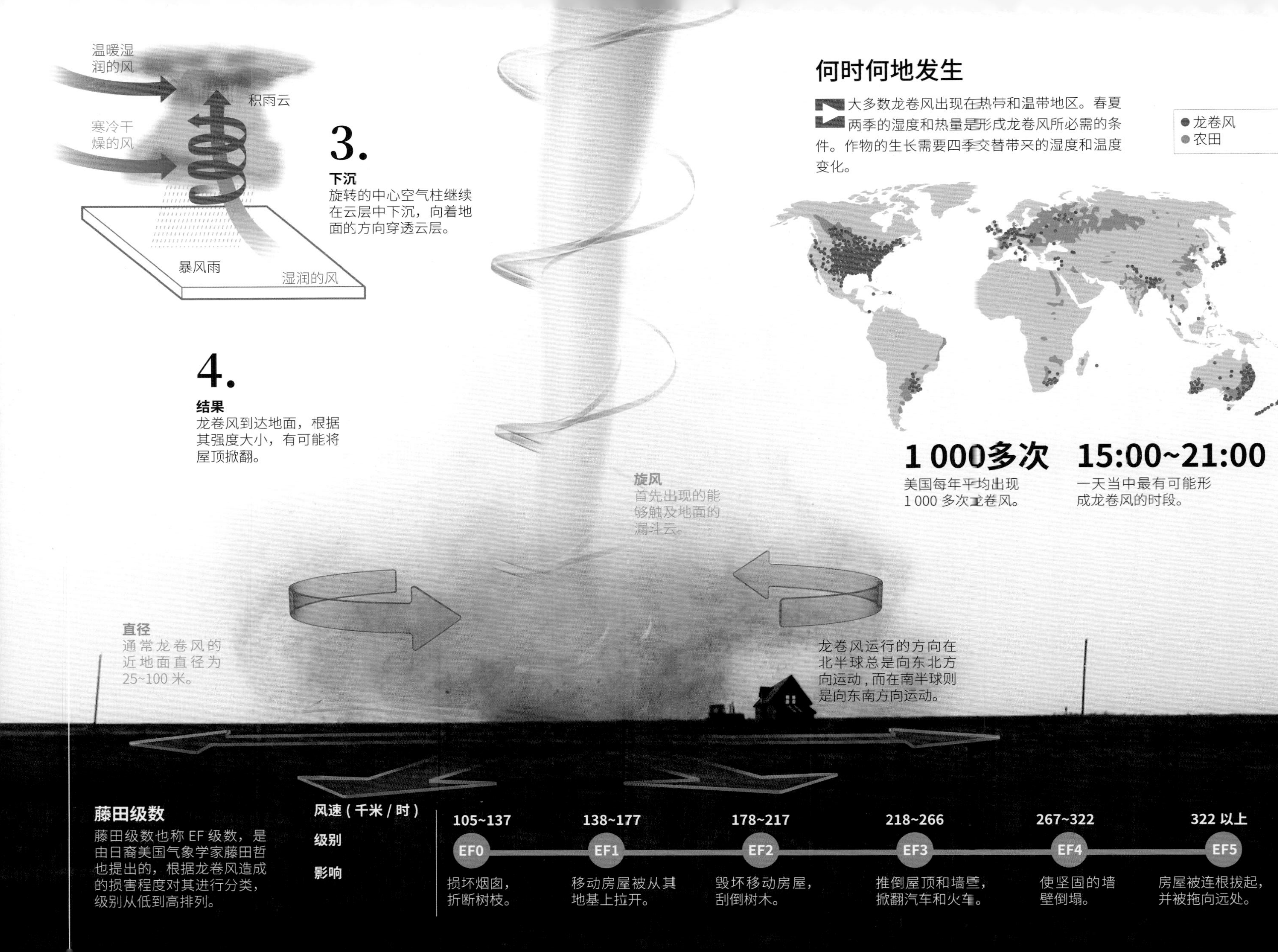

3.

下沉

旋转的中心空气柱继续在云层中下沉，向着地面的方向穿透云层。

4.

结果

龙卷风到达地面，根据其强度大小，有可能将屋顶掀翻。

旋风

首先出现的能够触及地面的漏斗云。

直径

通常龙卷风的近地面直径为25~100米。

龙卷风运行的方向在北半球总是向东北方向运动，而在南半球则是向东南方向运动。

何时何地发生

大多数龙卷风出现在热带和温带地区。春夏两季的湿度和热量是形成龙卷风所必需的条件。作物的生长需要四季交替带来的湿度和温度变化。

1 000多次

美国每年平均出现1 000多次龙卷风。

15:00~21:00

一天当中最有可能形成龙卷风的时段。

藤田级数

藤田级数也称EF级数，是由日裔美国气象学家藤田哲也提出的，根据龙卷风造成的损害程度对其进行分类，级别从低到高排列。

风速（千米/时）	105~137	138~177	178~217	218~266	267~322	322 以上
级别	EF0	EF1	EF2	EF3	EF4	EF5
影响	损坏烟囱，折断树枝。	移动房屋被从其地基上拉开。	毁坏移动房屋，刮倒树木。	推倒屋顶和墙壁，掀翻汽车和火车。	使坚固的墙壁倒塌。	房屋被连根拔起，并被拖向远处。

死亡和破坏

平均每年都会有 1 000 多次龙卷风席卷美国，其中三州大龙卷是美国历史上最具破坏性的龙卷风。它发生于 1925 年 3 月 18 日，横扫密苏里州、伊利诺伊州和印第安纳州，摧毁了大片房屋，造成严重破坏。经确认有近 700 人丧生，但人们认为实际死亡人数远远超过这个数字。这次龙卷风以约 100 千米 / 时的速度行进了 300 多千米，持续时间超过 3 个小时。根据藤田级数将其定为 EF5 级——破坏等级最高的龙卷风，给美国造成了 1 700 万美元的损失。

三州大龙卷

藤田级数	EF5
持续时间	超过 3 个小时
平均风速	约 100 千米 / 时

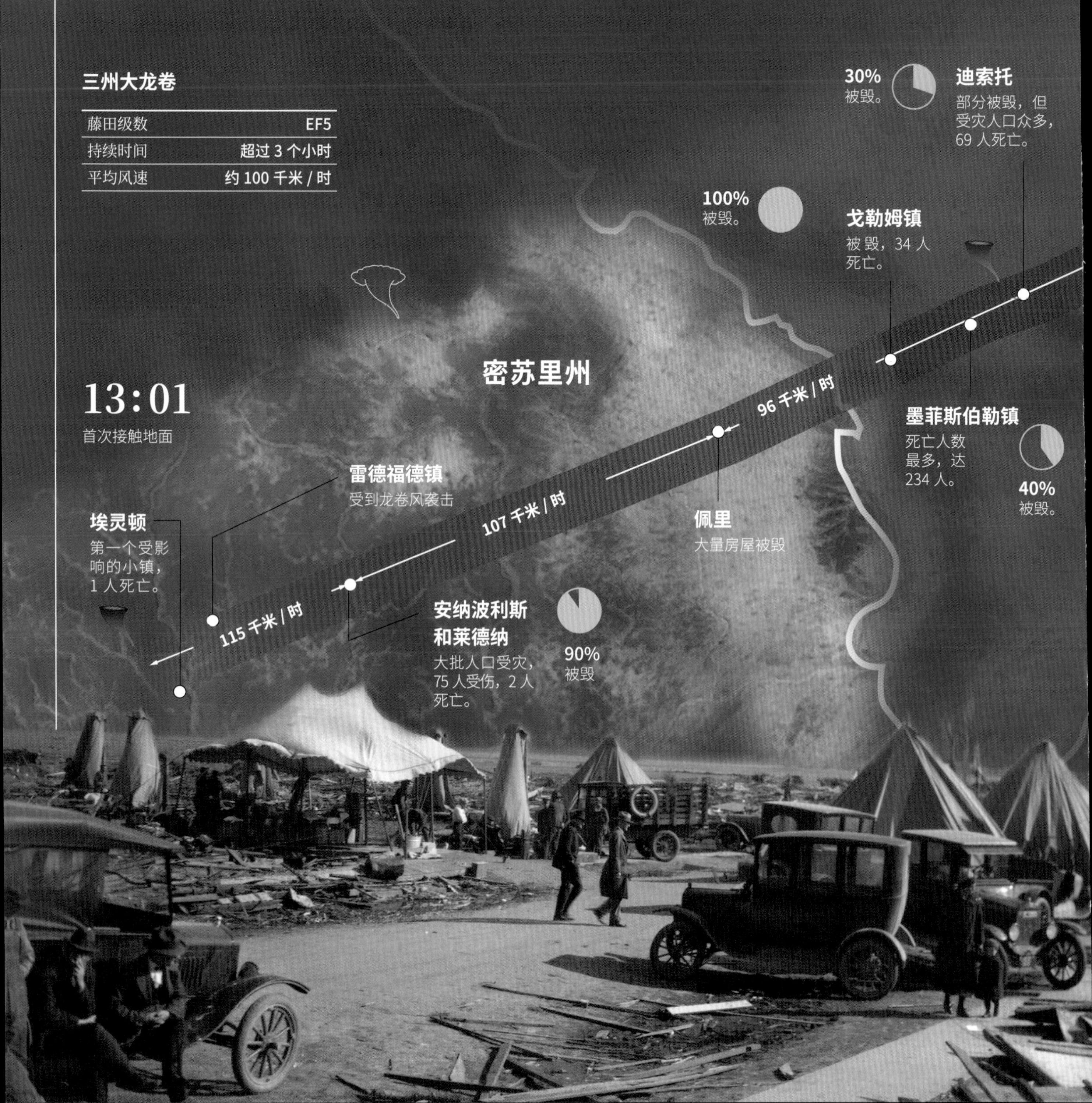

该龙卷风的总行程超过
300 千米。
60.5 千米
307.5 千米
旋转 9°
时速 115 千米
平均时速
104 千米
欧文斯维尔
房屋受损严重，
6 人死亡。
16:30
终于离开地面
115 千米 / 小时
印第安纳州
普林斯顿
小镇一半被毁，
65 人死亡。
50%
被毁。
帕里什
几乎全部被毁，
36 人死亡。
90%
被毁。
农 村 地 区
格里芬
150 栋房屋被毁，许多儿童死亡。
100%
被毁。
96 千米 / 小时
90 千米 / 小时
40分钟内有541人死亡。
西法兰克福
部分被毁，
410 受伤，
182 人死亡。
20%
被毁。
美国的龙卷风
飓风是发生在大西洋、墨西哥湾、加勒比海和北太平洋东部的热带气旋。美国的龙卷风多出现在中西部、南部地区，通常在春夏两季出现。
15:00~21:00
是一天当中最容易出现龙卷风的时段。
伊利诺伊州
1 000 多次
这是美国每年发生龙卷风的次数。
印第安纳州的格里芬一片狼藉。
15 000
栋房屋被毁。
1 700 万
美元损失。
美国破坏性极大的 10 次龙卷风
死亡人数
受伤人数
人数
2 500
2 000
1 500
1 000
500
0
近 700
2 027
1925 年三州龙卷风
317
109
1840 年纳齐兹龙卷风
255
1 000
1896 年圣路易斯龙卷风
216
700
1936 年图珀洛龙卷风
203
1 600
1936 年盖恩斯维尔龙卷风
181
970
1947 年伍德沃德龙卷风
143
770
1908 年阿米特/派恩/珀维斯龙卷风
117
200
1899 年新里士满龙卷风
115
844
1953 年弗林特龙卷风
114
597
1953 年韦科龙卷风

解析飓风

飓风发生时伴随着狂风、云堤和暴雨，是地球上最触目惊心的气候现象。它的特征是螺旋形的云带包围着强烈的低气压中心。在南半球，云带围绕着飓风眼顺时针旋转，而在北半球，则逆时针旋转。龙卷风时间较短且范围相对有限，而飓风移动速度慢且范围广阔，所到之处通常造成较多的人员死亡。

1. **出现**
在反向风、高温、湿度和地球自转的推动下，在温暖的洋面上形成。

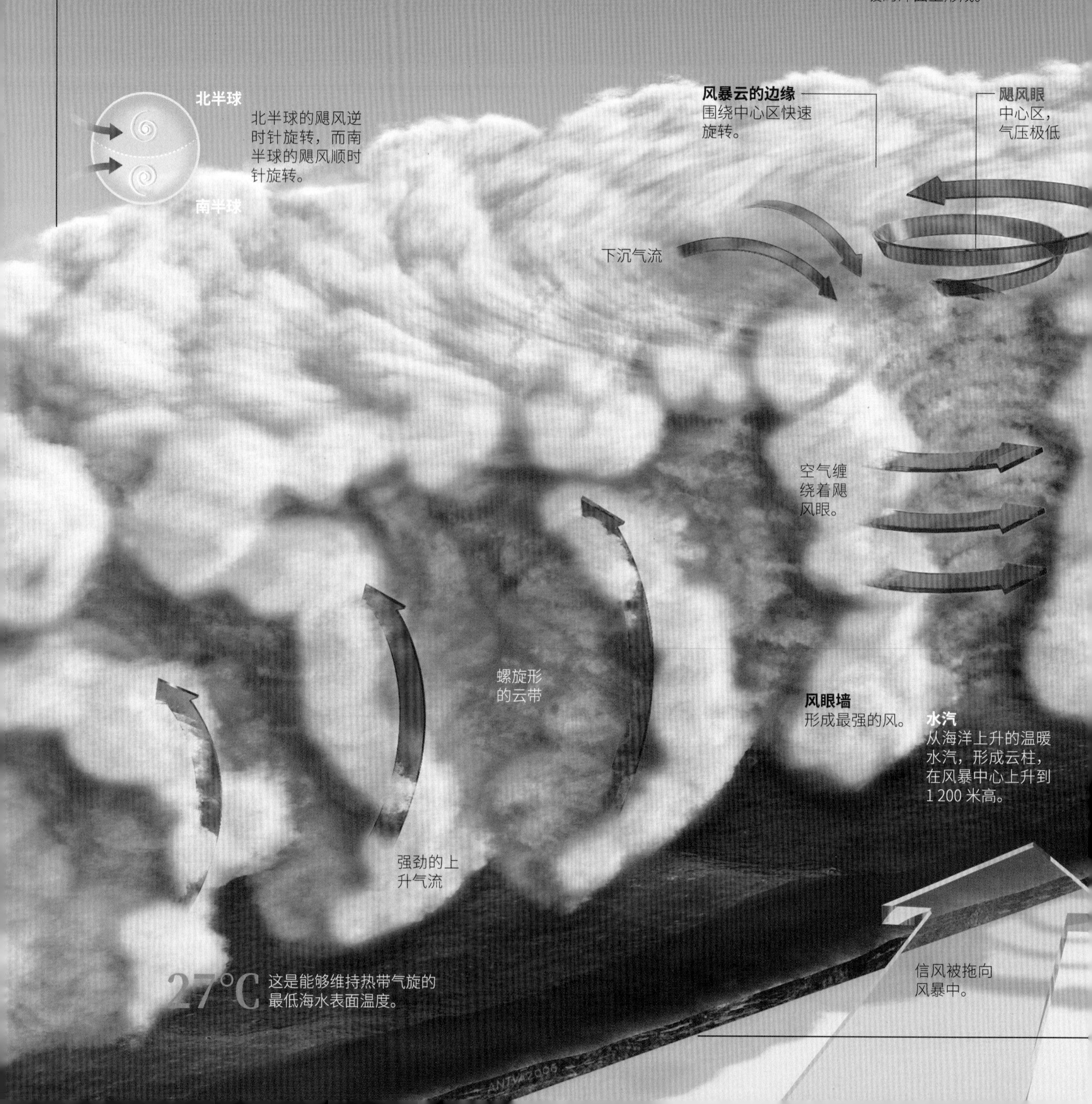

第 2 天
云团开始旋转。

第 3 天
形成更加明显的螺旋形态。

飓风
台风
赤道
气旋

危险地区

在美国，容易受到飓风影响的地区包括从得克萨斯州到缅因州的大西洋海岸和墨西哥湾海岸。加勒比海和西太平洋热带地区，包括夏威夷、关岛、美属萨摩亚和塞班岛，也是频繁遭受飓风侵袭的地区。

2. 发展

开始上升，绕着一个低气压区螺旋形旋转。

第 6 天
已经成熟，出现明显的风眼。

第 12 天
飓风在着陆时开始消散。

飓风靠近海岸时的速度超过
30千米/时。

3. 消散

当飓风从海洋到达陆地时，将造成巨大的灾害。由于水汽不足，飓风在登陆后逐渐消散。

摩擦力
当飓风登陆时，移动速度减慢。这一阶段的飓风极具破坏力，因为它已经到达人口密集的城市所在地。

高海拔的风从风暴外部吹来。

飓风的路径

28米
海浪到达的最大高度。

1
2
3
4
5

造成损害的分类

萨菲尔－辛普森飓风等级

	损害	风速（千米 / 时）	浪高（米）
1 级	**最小**	119~153	1.2~1.5
2 级	**中等**	154~177	1.8~2.4
3 级	**扩大**	178~208	2.7~3.7
4 级	**极端**	209~251	4.0~5.5
5 级	**灾难**	大于 251	大于 5.5

风的活动

微风指明方向，使其能够发展。

向外涌动的风。

飓风卡特里娜带走了什么

2005 年 8 月，飓风卡特里娜席卷了美国南部和中部，数以千计的建筑、石油设施、高速公路和桥梁被夷为平地，众多地区通信中断，一些人口密集地区得不到供给。飓风造成了美国佛罗里达州、路易斯安那州和密西西比州以及巴哈马国的巨额财产损失，致使上千人死亡。卫星图片显示了这场灾难的范围之广，该飓风被认为是美国历史上破坏性最强的飓风。●

狂风

风速达到 250 千米 / 时，造成了洪水上涨，并越过了防洪墙。

新奥尔良

面积	907 平方千米
人口	约 38.96 万人
海拔	3 米

8 月 23 日

一个热带低气压在巴哈马群岛上空形成，随后加强为热带风暴卡特里娜，8 月 25 日继续加强为 1 级飓风，并在佛罗里达州登陆。

5 级

3 级

8 月 27 日

离开墨西哥湾，并加强为 3 级飓风。8 月 28 日，继续加强为 5 级飓风，规模扩大。

8 月 29 日

清晨成为 4 级飓风，并在路易斯安那州登陆，随后，在密西西比州第三次登陆。

4 级

最大风速

250千米 / 时

9 月 1 日

飓风能量衰减，并往北移向加拿大，最终消散。

飓风轨迹

防患于未然

飓风通常席卷地球上的某些地区，人们必须了解这种足以摧毁家园的灾害。每个家庭都必须知道，万一屋顶、门或窗户倒塌，家中哪个地方是最安全的。他们还必须知道什么时候该去避难所，什么时候最好待在家里。另一个重要的预防措施是，整理收藏家庭中重要的文件和证件，并将它们放置在防水防火的保险柜中。

1 飓风来临前

如果你住在易发生飓风的地区，建议你了解社区的应急计划，自己也要制订家庭行动计划。

如何准备应急设备

必须备好一应俱全的急救箱。向药剂师或家庭医生咨询。

急救箱
经常检查急救箱，更换过期的药品。

急救手册
必须做好准备，应对最常见的病症和伤情。

如何准备文件

做好疏散准备，依次整理好家庭中重要的文件。

清单
列出个人财物的完整清单。

个人身份证件
每个人都必须持有自己的身份证件。

2 飓风来临期间

重要的是保持镇定，通过收音机或电视了解飓风经过的路线。远离门窗，在政府宣布飓风灾害结束之前不要离开居所。

切断所有电器电源，关掉家庭电路总开关。

使用由电池作为电源的收音机，调至地方电台，获得相关的信息。

关掉供水总阀和燃气总阀。

3 飓风过后

首先检查家中成员是否都安然无恙。不要触摸松散脱落的电缆或倒下的电线杆。如果需要食品、衣物或急救，呼叫消防部门或警察。

帮助受伤或受困人员。

将证明房产所有权的文件存放在身边。

如果出门避灾，要当政府宣布形势安全时再返回家中。

确定水源可以饮用时再饮水。

只在紧急呼叫时拨打电话。

检查确认没有天然气泄漏或电路损坏。

检查最易起火的地方。

不要触摸电线或损坏的电子设备。

在转移时，无论步行或驾车行驶，都要提高警惕。

气象学

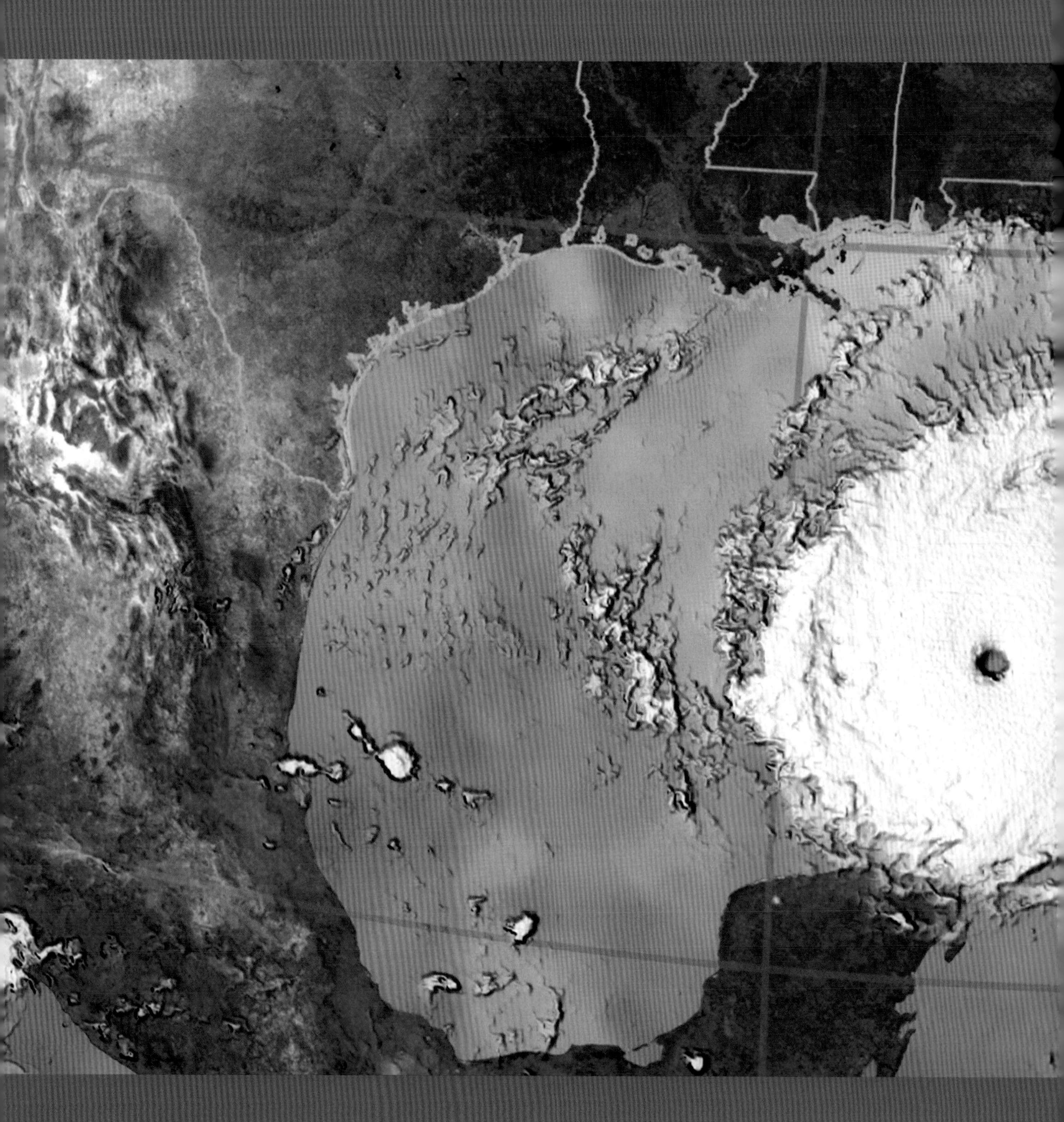

使用绕地球轨道运行的卫星记录的信息帮助测算降水、气流和云团，能够使我们提前几小时知道强烈风暴是否正在向地球某个地方前进。依靠这些精确的信息（例如热带气旋将在何时何地出现），政府能够组织群众从受影响地

飓风丽塔，2003 年 9 月 GOES-12 卫星传回的图像显示了位于墨西哥湾东部的飓风丽塔的形状。

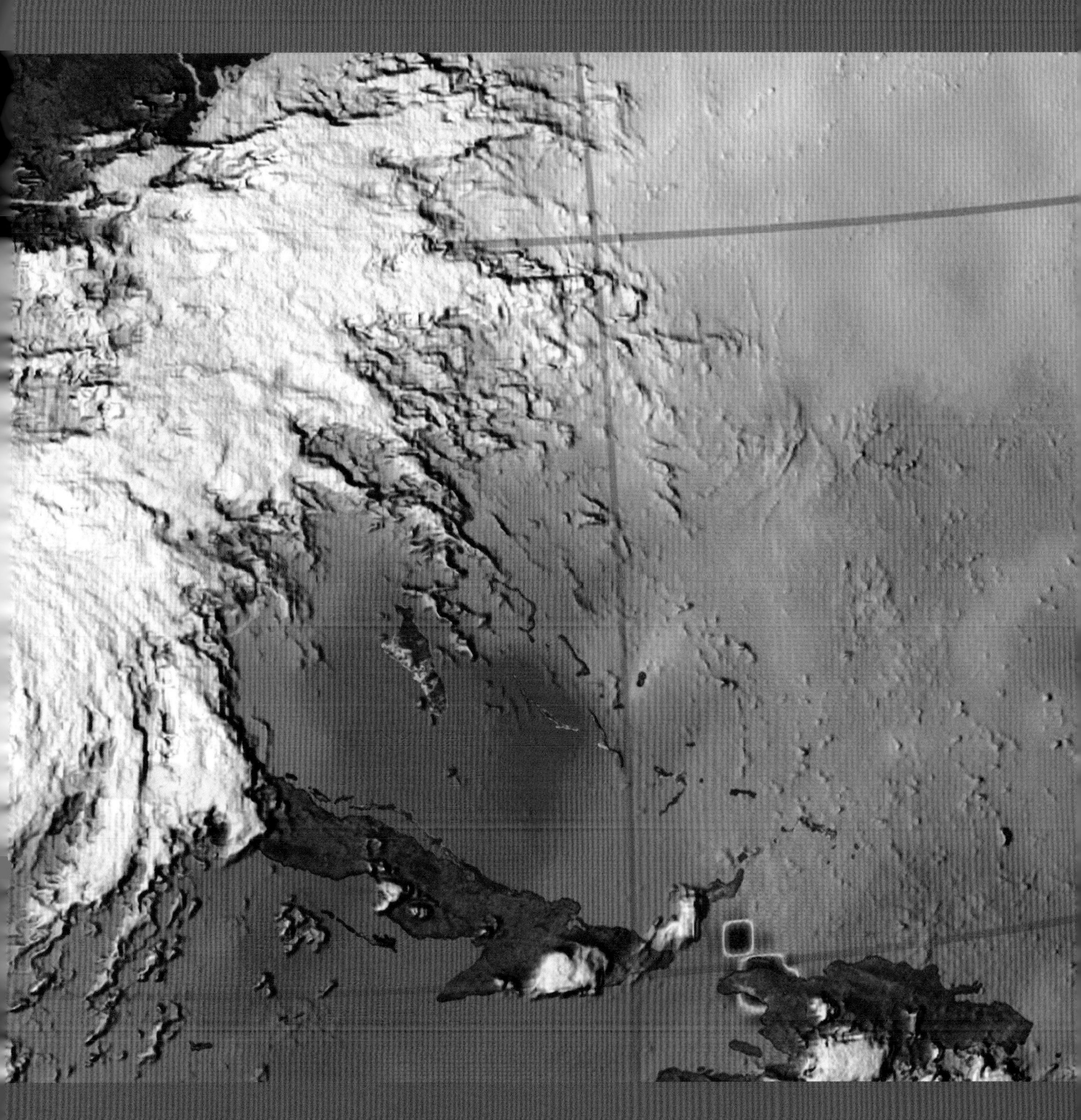

区撤离。由相互间隔数百千米的众多气象站组成的监测系统也能够监测地球表面。这些气象站从全世界所有地区收集信息并传送到世界各地，这样气象专家就能绘制气象图表，并做出预测以通知民众。●

关于天气的民间谚语

在近现代气象学发展起来之前，人们通过观察自然现象来预测降水、洪水或大风等气候现象。千百年来，所有这些气象知识通过谚语或民谣世代相传。虽然这些零散的气象知识大多缺乏科学依据，但是其中有一部分却能体现出某些原理。这些用来预测气候现象的知识大部分来自对动植物的观察。

燕子

燕子飞回，春天来到。
天气暖，温度升，燕子到。

看物象测天气

在农业社会，渴望丰收和对天气的依赖使人们形成了很多观念，这些观念被用作预测今后事件，其准确度各异。人和动植物一样，都会对当下的天气做出不同的反应，但并不是说依靠这些就能揭示未来的天气状况，只是表示这些变化与当下的天气状况存在一定的联系。例如，冷锋过境之前，空气湿度增加，自然界中一些相关的现象就会随之出现。

蜻蜓

蜻蜓低飞，备好雨具。
蜻蜓成群，大雨成行。

松果的开合
干燥的日子里，松果的鳞片会打开；如果松果的鳞片紧闭，则表示即将下雨。

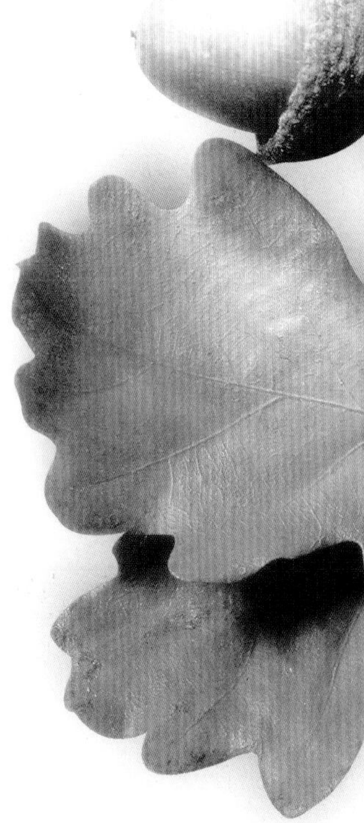

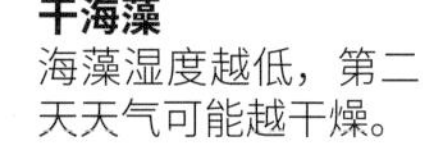

干海藻
海藻湿度越低，第二天天气可能越干燥。

驴

驴子叫，雨来到。
动物的这些行为是对天气作出的反应，与所处环境的湿度增加有关。

蟾蜍

蟾蜍出行，春季潮湿。
蟾蜍水中游，雨水马上到；蟾蜍水中待，降水不会停。

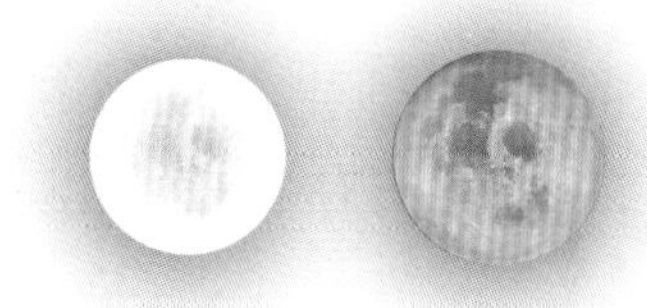

月亮

月亮周围有光晕时，预示第二天天气湿润或者天气恶劣。
笼罩着太阳或月亮的卷层云中的冰晶折射光线形成了光晕时，预示有暖锋过境，降水会随之而来。

天文历书测天气

16 世纪，整个欧洲都在销售载有天气预报的天文历书。一年中每个月的天气特征按照一定规律重复，尽管这要取决于人们所处的地理位置，这种月历和年历提供了农业和医学方面的建议。自远古以来，人们普遍相信，月亮对大气运行有决定作用，气候变化是由月亮的盈亏引起的。一些流行的谚语有："四月细雨，五月花开""冬夜漆黑，翌日明媚"。

橡树
如果橡树叶早于白蜡树叶落下，则预示着夏天会很干燥。

白蜡树
如果白蜡树叶早于橡树叶落下，则预示着夏天会很潮湿。

云

云有云边或云线，小心大风吹船帆。
这与被风吹向高空的云有关，这些云通常预示着低压系统正在逼近。

天气预报
有上千条与气候条件变化有关的谚语，例如：

风
东风起，暴雨至。

晨露
五月天凉沁露珠，葡萄结果酿美酒，干草堆起喂母牛。

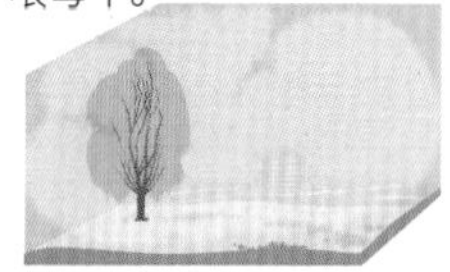

清澈的日落
日落出彩虹，清晨好个天。

蛞蝓

路遇黑蛞蝓，雨水即将至。
蛞蝓一般躲在土壤中，只能在下雨之前天气潮湿时看到。

气象信息的收集

大多数关于气象数据的信息来自世界各地的气象学家所保存的关于云量、温度、风力、风向、气压、能见度及降水的记录。通过无线电或卫星，从每座气象站将数据传送出去，这样才有可能进行天气预报并制作各种气象图。

雷达

无液气压计
测量大气压力。指针显示气压变化。

刻度

弹簧

环形弹簧

金属鼓膜

操作杆

链条

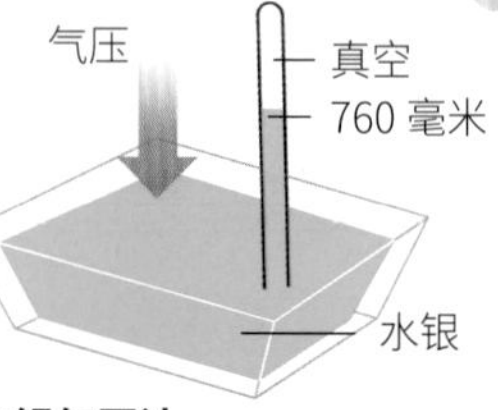

水银气压计
用于测量气压的仪器，将装满水银的玻璃管的开口一端倒扣于水银槽内形成的水银气压计。

自动气压计
测量气压并随时记录气压变化。

气象站

典型的气象站用来监测温度、湿度、风速、风向、太阳辐射、雨水和气压。在部分地区，也会对土壤温度和附近的江河水流进行监测。收集这些数据有助于预测不同的气象现象。

光射进球体，并在穿过球体时聚集。

球形光度仪
用来测量日光照射时长的仪器，它的组成部分是一个玻璃球体，作为聚集日光的透镜。光被投射到球体后面的一层纸板上，纸板因不同强度光的投射而燃烧。

印记
聚集的太阳光束点燃玻璃球体后面的纸板。

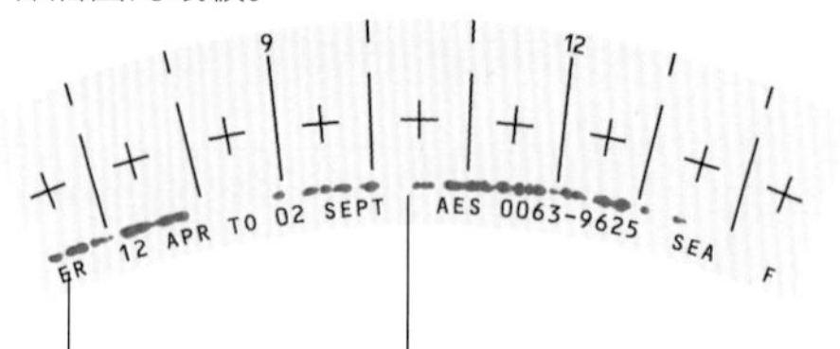

长条纸板上的记录按小时进行区分。

燃烧痕迹产生的间隔显示白天阳光照射的小时总数。

蒸发计
正如其名，该仪器是用来测量户外环境下大面积水体中水的有效蒸发量，由于水转化成了水蒸气，水位出现下降。

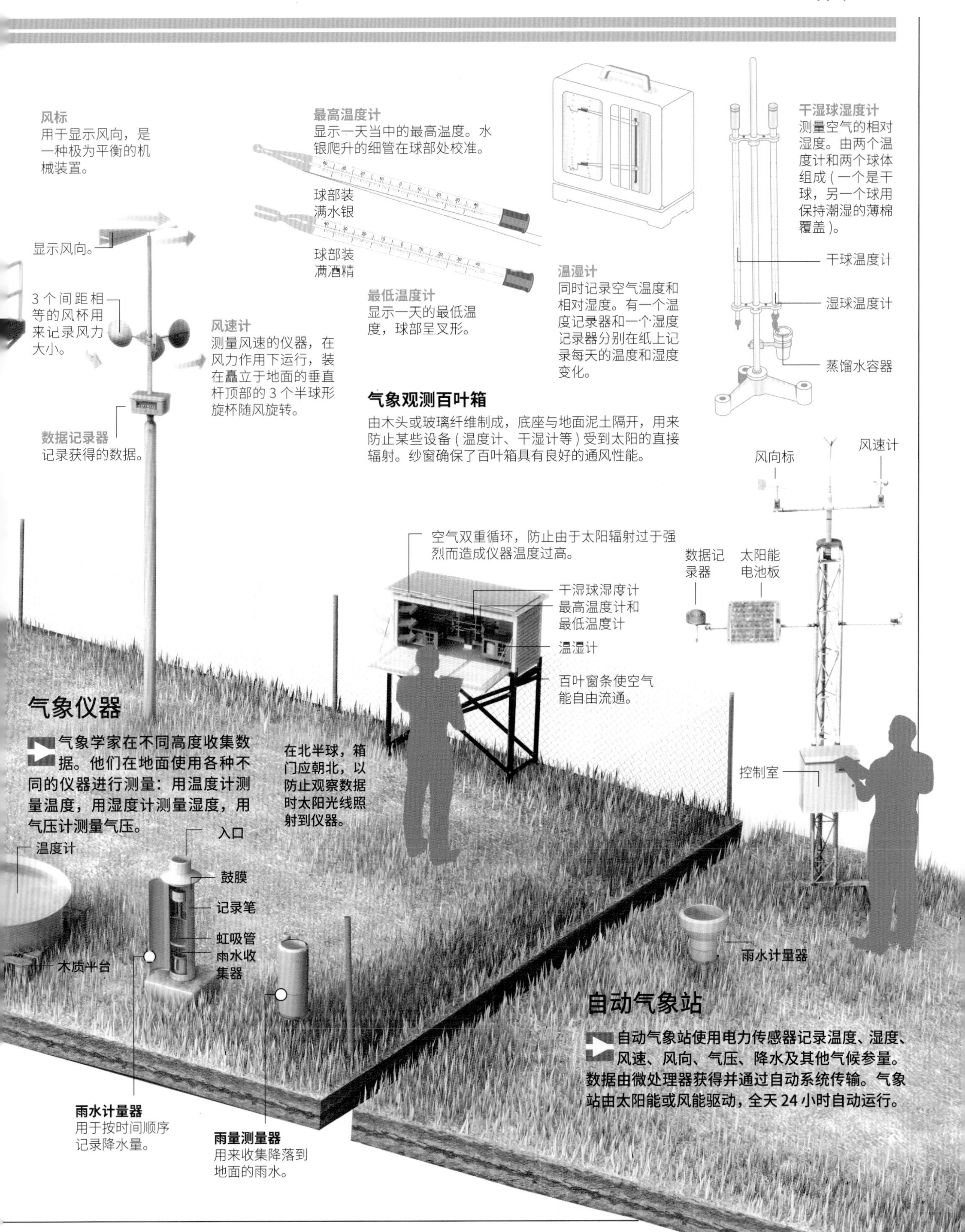

气象仪器

气象学家在不同高度收集数据。他们在地面使用各种不同的仪器进行测量：用温度计测量温度，用湿度计测量湿度，用气压计测量气压。

自动气象站

自动气象站使用电力传感器记录温度、湿度、风速、风向、气压、降水及其他气候参量。数据由微处理器获得并通过自动系统传输。气象站由太阳能或风能驱动，全天24小时自动运行。

即时地图

气象图是根据气象站提供的信息绘制而成的，描绘了在特定时间内不同海拔高度的大气状况，为专业人士提供帮助。气象站收集的数据包括压力和温度方面的各种变量值，有了这些数据，人们才能预测是否会出现降水，天气状况是否稳定，或者天气是否会由于锋面的到来而产生变化。●

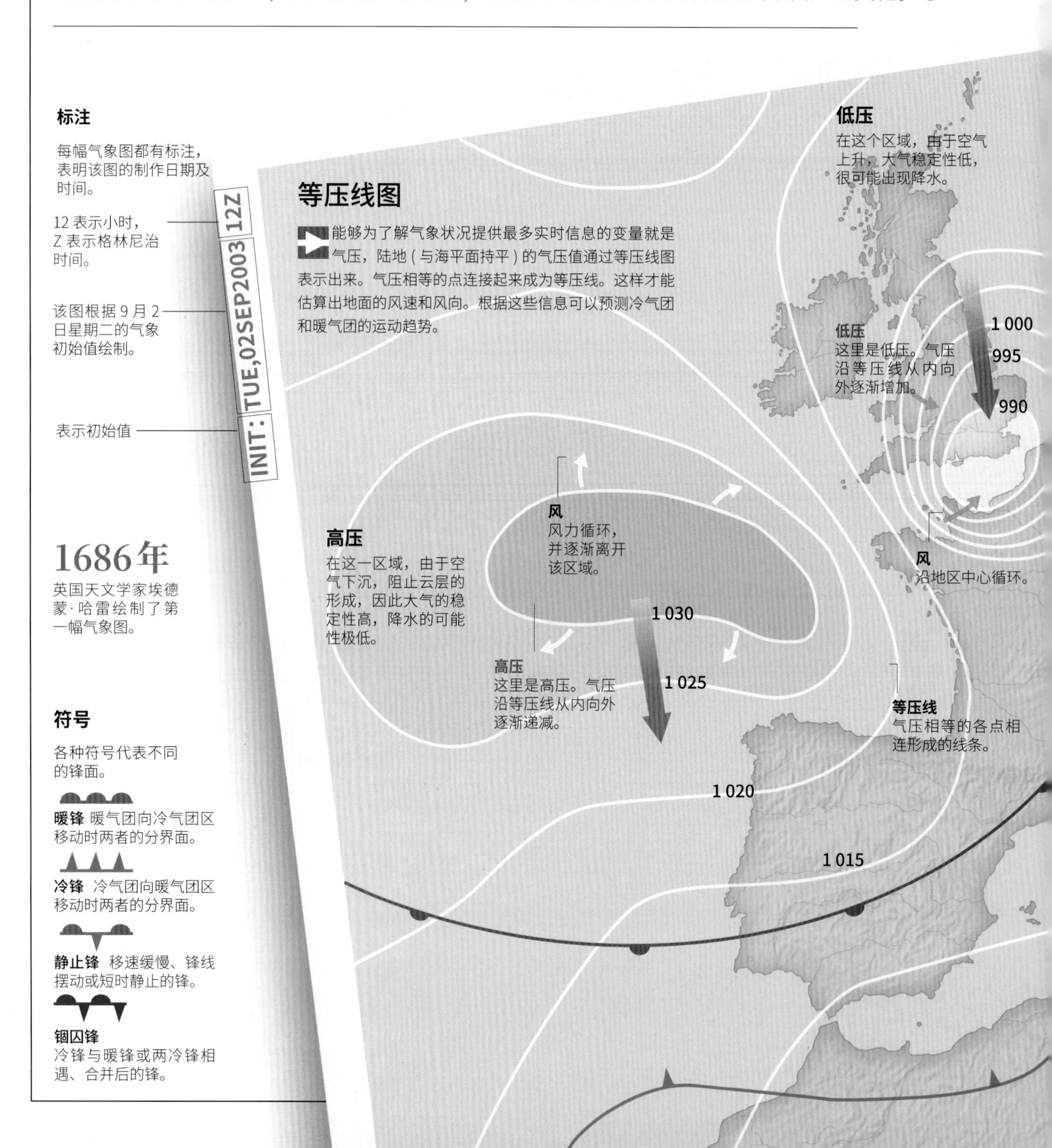

1686年
英国天文学家埃德蒙·哈雷绘制了第一幅气象图。

高空天气图

高空天气图是用来分析高空天气状况的图表。在高空天气图上，等高线将某个压力水平下海拔高度相等的点连接起来，与对流层上层的空气温度相互关联。对流层各个地区的温度通过等温线表示出来。

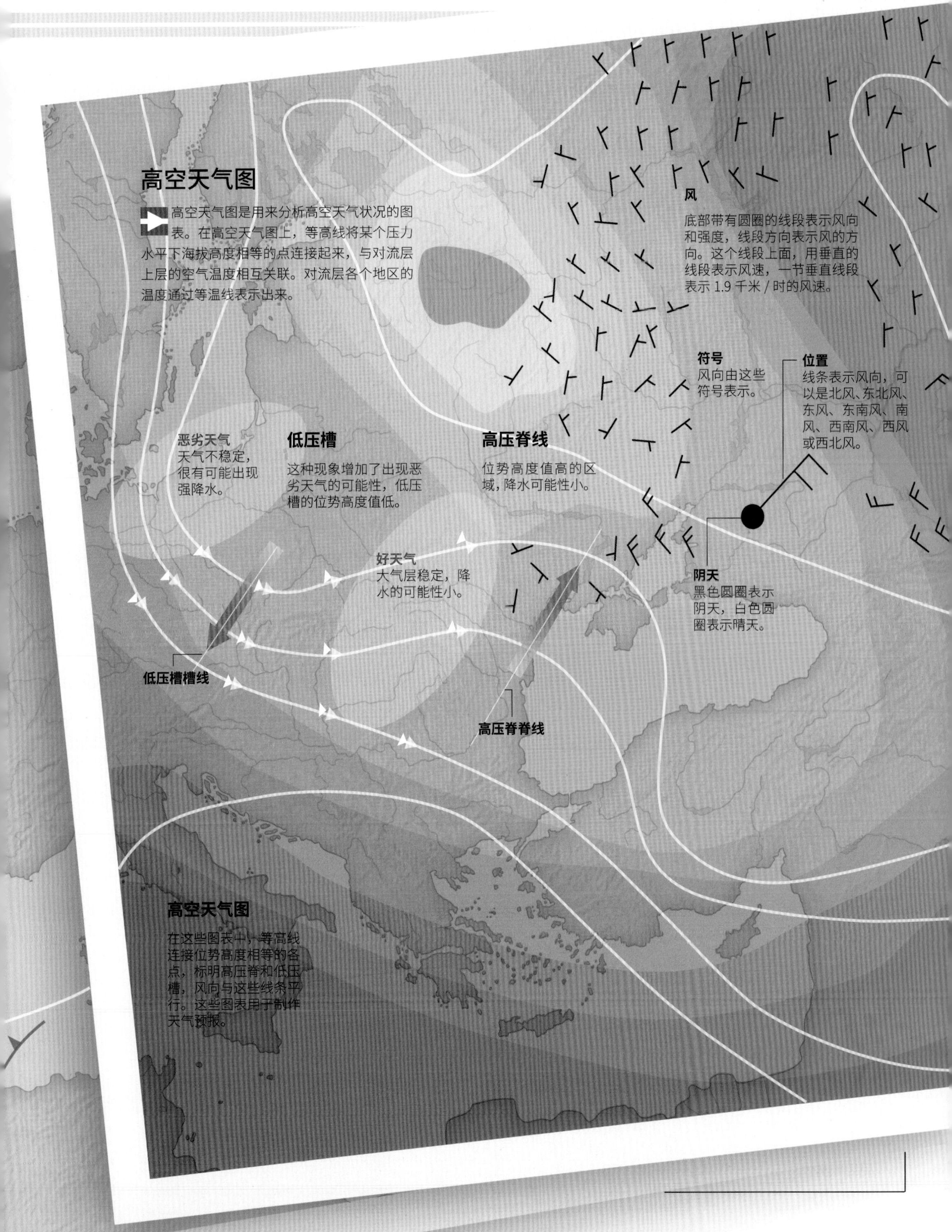

风

底部带有圆圈的线段表示风向和强度，线段方向表示风的方向。这个线段上面，用垂直的线段表示风速，一节垂直线段表示 1.9 千米 / 时的风速。

符号

风向由这些符号表示。

位置

线条表示风向，可以是北风、东北风、东风、东南风、南风、西南风、西风或西北风。

恶劣天气

天气不稳定，很有可能出现强降水。

低压槽

这种现象增加了出现恶劣天气的可能性，低压槽的位势高度值低。

高压脊线

位势高度值高的区域，降水可能性小。

好天气

大气层稳定，降水的可能性小。

阴天

黑色圆圈表示阴天，白色圆圈表示晴天。

低压槽槽线

高压脊脊线

高空天气图

在这些图表中，等高线连接位势高度相等的各点，标明高压脊和低压槽，风向与这些线条平行。这些图表用于制作天气预报。

晴、雨、冷、暖

有时提前了解天气变化的情况甚至重要到能够决定生死。根据气象学家做出的天气预报，可以预期暴雨和暴雪带来的破坏。天气预报是根据各种来源——包括设在地面、空中、海洋的各种仪器收集的数据——制作的。虽然天气预报使用了复杂的信息系统，但也只能预测未来几个小时或几天的天气情况，尽管如此，它还是为预防严重灾难提供了极大的帮助。

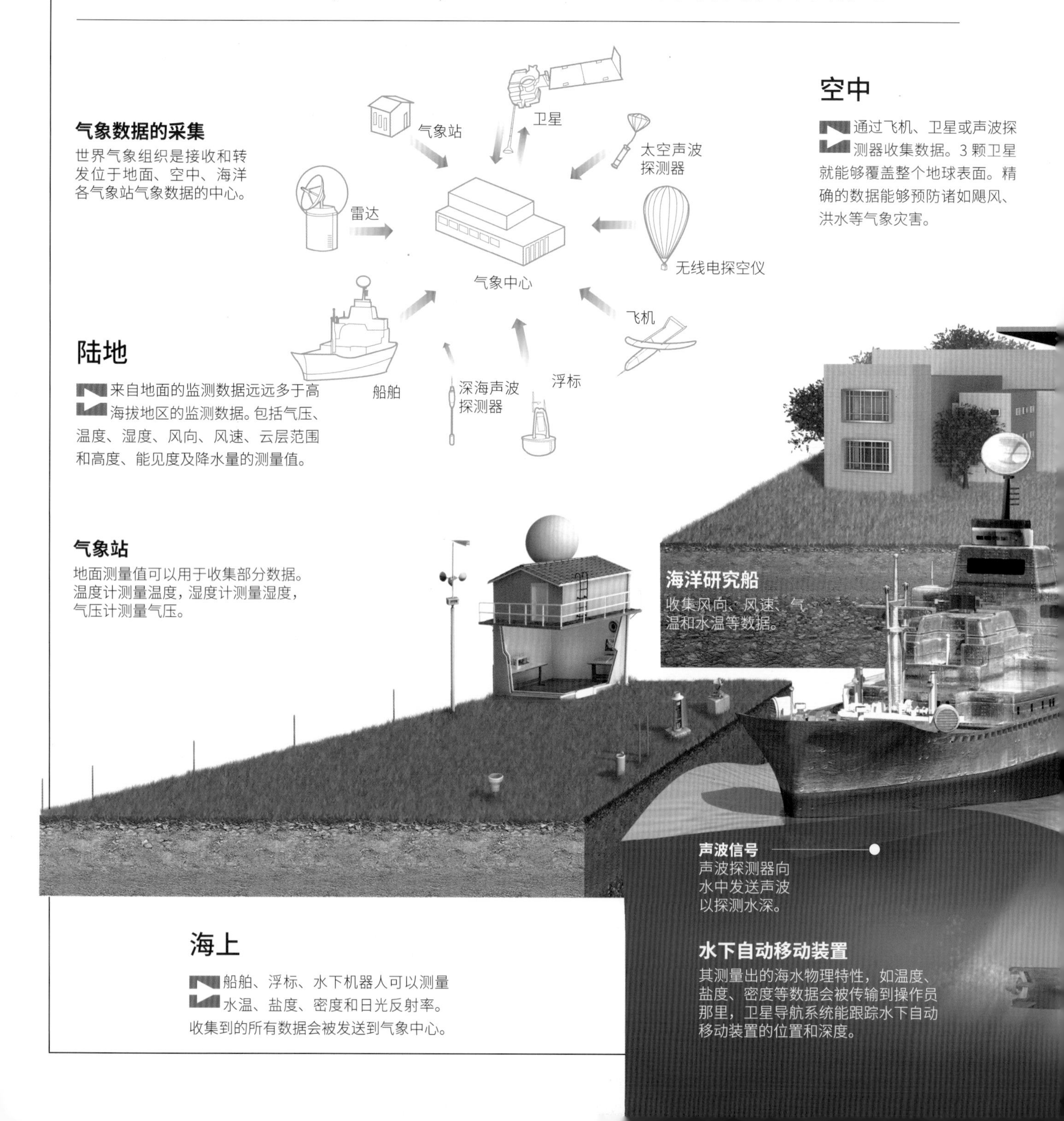

气象数据的采集
世界气象组织是接收和转发位于地面、空中、海洋各气象站气象数据的中心。

空中

通过飞机、卫星或声波探测器收集数据。3 颗卫星就能够覆盖整个地球表面。精确的数据能够预防诸如飓风、洪水等气象灾害。

陆地

来自地面的监测数据远远多于高海拔地区的监测数据。包括气压、温度、湿度、风向、风速、云层范围和高度、能见度及降水量的测量值。

气象站
地面测量值可以用于收集部分数据。温度计测量温度，湿度计测量湿度，气压计测量气压。

海洋研究船
收集风向、风速、气温和水温等数据。

声波信号
声波探测器向水中发送声波以探测水深。

水下自动移动装置
其测量出的海水物理特性，如温度、盐度、密度等数据会被传输到操作员那里，卫星导航系统能跟踪水下自动移动装置的位置和深度。

海上

船舶、浮标、水下机器人可以测量水温、盐度、密度和日光反射率。收集到的所有数据会被发送到气象中心。

无线电探空仪
探测高空气压、气温、湿度等垂直分布的仪器。

30 千米 ~ 40 千米
这是无线电探空仪能够探测的高度。

10 000 米
这是气象飞行器能够到达的高度。

气象飞行器
用来获取云层温度、湿度数据，并拍摄云层中的微粒。

捕捉飓风的 P-3 气象飞机
该飞机的多普勒雷达分辨率比常规使用的标准多普勒雷达高4倍。

多普勒雷达

4 270 米
这是 P-3 气象飞机能够达到的高度。

人造卫星
提供用于呈现大气层中的云层和水汽以及测量陆地和海洋表面温度的图片。

13 000 米
这是 G-IV 喷气式飞机能够达到的高度。

G-IV 喷气式飞机

可发射的深空探测器
从飞机向地面释放的探测器，在探测器传送风速、温度、湿度和压力等数据信息时，跟踪其飞行轨迹。

降落伞帮助其延长滞留在空中的时间。

无线电探空仪将数据发回基地。

365 米
无线电声波探测器能够到达的高度。

气象无人机
用于气象监测、人工增雨等任务的无人机。

更准确地预测

新型的预测模型能监测湿度、温度、风速和云层移动等变量的变化情况，可以使预测能力比现有模型提高 25%。

现有模型
每边 12 千米等级
试验模型
最强的风
现有模型无法探测最强的风。
每边 1.3 千米等级

气象中心
气象中心促进全球各气象观测站之间的共同合作，将世界不同城市的监测数据标准化，将气象预测应用于各种人类活动。

导航灯
风速计
数据传送器
太阳能电池板

气象浮标
提供没有船只覆盖区域的海洋数据。浮标随洋流自由漂浮，并通过卫星自动输送探测到的数据。

深海探测器
该装置的主体由可在深海自由航行的运载器和在水下发射的发射器两部件构成。

雷达站
用来监测降雨、降雪或冰雹的强度。雷达发送测试降水情况的无线电波，然后在接收显示屏上显示回波信号。

气象卫星

气象卫星是用作气象观测的人造地球卫星，为科学家提供了不可或缺的帮助。除了卫星设备生成的图像之外，气象学家还接收卫星提供的能够制作气象预报的数据。通过大众传播媒体，世界各地的人们可以据此获知天气预报。此外，各国还使用先进的卫星研究热带气旋等气候现象的特征。

极地轨道卫星

此类卫星从地球的一个极点运行到另一个极点。卫星沿各自的轨道运行时，扫描地球表面的一定区域。

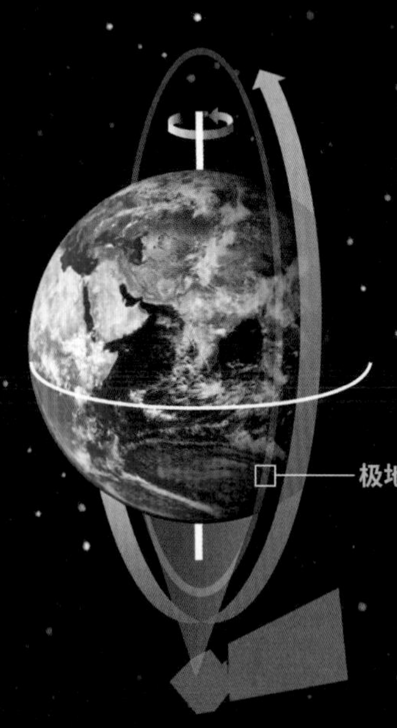

地球同步卫星

卫星在赤道上空绕地球运行，并与地球旋转同步，也就是说，卫星绕着地球旋转时，总是处于地球表面同一地点的上空。

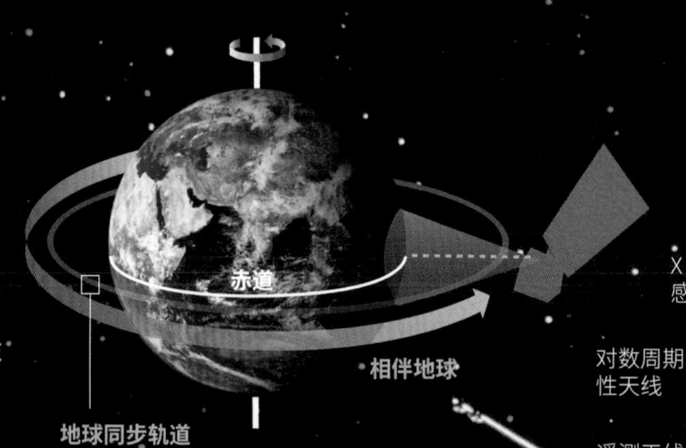

有源极地轨道卫星

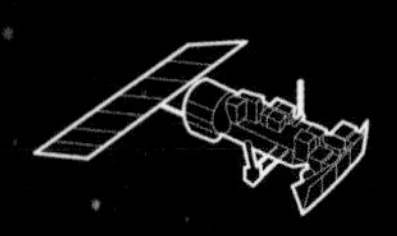
诺阿－12

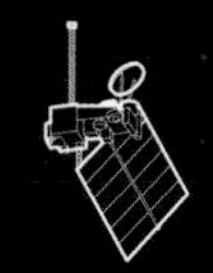
诺阿－14

诺阿－15

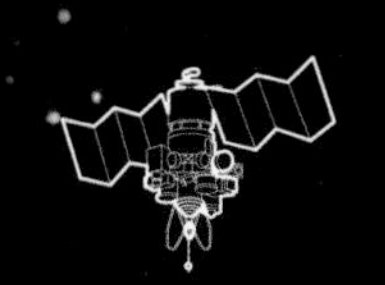
流星－3

有源地球同步卫星

地球静止环境业务卫星－8

地球静止环境业务卫星－9

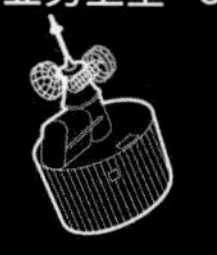
欧洲气象卫星－7

向日葵－1

地球静止环境业务卫星东方号 (GOES EAST)

轨道高度	36 000 千米
重量	2 200 千克
发射时间	2001 年
轨道	75°

阵列驱动系统

图像的昨日与今昔

20 世纪 60 年代的泰罗斯气象侦察卫星（又名“电视和红外辐射观测卫星”）提供了第一批云系照片。现代的地球静止环境业务卫星能够运用更精确的时间和空间测量数据，提供更高质量的云层、陆地和海洋图片。它们也能探测大气湿度和地面温度。

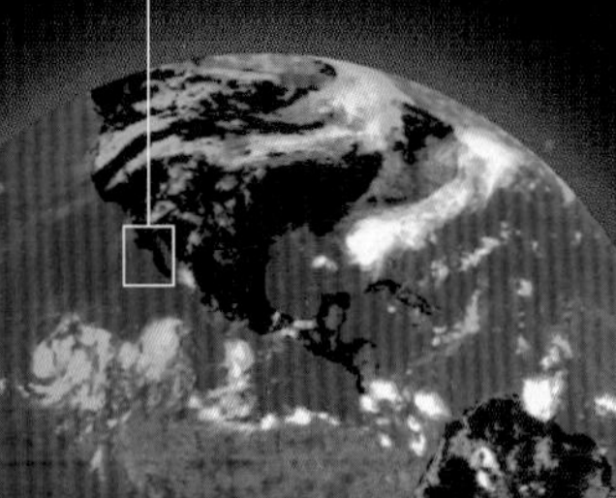

可视图像

海洋和陆地的反射率较低，所以显示为暗区。相反，反射率高的地区清晰明亮。

白色
高空云

绿色
植被

黄色
低空云

橘色
干燥和多山地区

组合图像

由红外线图像（区分云层）和可视图像（测量每种气候子系统的反射率）组成。

高热量喷射区

低热量喷射区

接收天线

红外线图像

展示云层和地球表面的红外发射或热量散发情况。越热的物体颜色越深。

气候变化

冰川正在融化，这对淡水资源构成了威胁。人们认为冰川融化将使海平面升高，对全球气候产生重大影响。欧洲的阿尔卑斯山和高加索山脉的冰川数量已经减半；在非洲，肯尼亚山冰川已处于萎缩状态。如果按这一趋势继

阿拉斯加冰川
大约5%的陆地被冰川覆盖，冰川会移动并在到达海洋时分裂，它们在海洋中形成令人惊叹的冰崖。

续发展下去，到 21 世纪末，大部分冰川，包括美国冰川国家公园的冰川将会完全消失。这将对世界许多地区的水资源造成严重影响。●

神和宗教仪式

对于地球上所有的早期文明来说，预测天气都是一个令人感兴趣的话题。数个世纪以来，希腊人、罗马人、埃及人、美洲原住民和亚洲人都敬奉太阳、月亮、天、雨、风暴和风的神灵。他们以自己的方式，试图通过宗教仪式来影响天气，提高收成。

权杖
带有装饰物的短杖，是命令和权力的象征。

西风神仄费罗斯
希腊神话中的西风神占有重要的地位。他有时造福人们，有时则带来灾难。

罗马人

罗马人敬奉的神很多。这是因为他们从希腊神话中传承了这些神。掌管天气的神灵有朱庇特（智慧和正义的化身，统治整个地球）、阿波罗（太阳神）、尼普顿（海洋和风暴之神）和萨图恩（农神）。每位神灵各司其职。因此，任何人类活动都会从掌管某项职能的神灵那里受祸或者得福。举行供奉仪式的目的就是为了取悦神灵。

闪电之箭
朱庇特统治着地球和天空，他手持权杖，拥有雷电之力。

希腊人

万能的宙斯是希腊神话里的众神之王和神圣正义的主持者。他是天空的主宰（他的兄弟波塞冬和哈迪斯分别统治着海洋和阴间），拥有与天气有关的雷电之力。宙斯住在奥林匹斯山上，从那里他可以观察并经常干预人类事务。希腊人相信波塞冬发怒的时候会劈碎大山并把它们扔到大海里变成岛屿。此外，对希腊人来说，乌拉诺斯是天空的化身，阿波罗是太阳、光和创造之神。

鹰
作为罗马的至高之神，朱庇特的象征物是鹰，他拥有最高的智慧和权力。

埃及人

和所有古代文明一样，掌管天气的神灵在埃及人的生活中占有十分重要的位置。埃及文明沿着尼罗河畔发展，在那里水是生存之关键，那里集中了城市、庙宇、金字塔和王国全部的经济生活。天气影响着河水的涨落和收成的好坏，因此，埃及人敬奉拉（太阳神）、努特（天空之神）、赛特（风暴之神）和透特（月亮神）。

拉
埃及的太阳神，原始的创造者。他的崇拜中心原在赫里奥波里斯，或者叫作太阳城。

赛特
埃及的风暴之神，其通常被描绘为豺头人身的形象。赛特是努特的儿子，奥西里斯的弟弟。

美洲原住民

美洲原住民相信水是神灵所赐的礼物。特拉洛克是阿兹特克人的雨神，恰克是玛雅人的雨神。由于水对于这些原住民来说是维持稳定和组织结构的重要因素，因此雨神被农民供奉。历法的使用使得古时的人们有可能预测天文事件和暴雨。

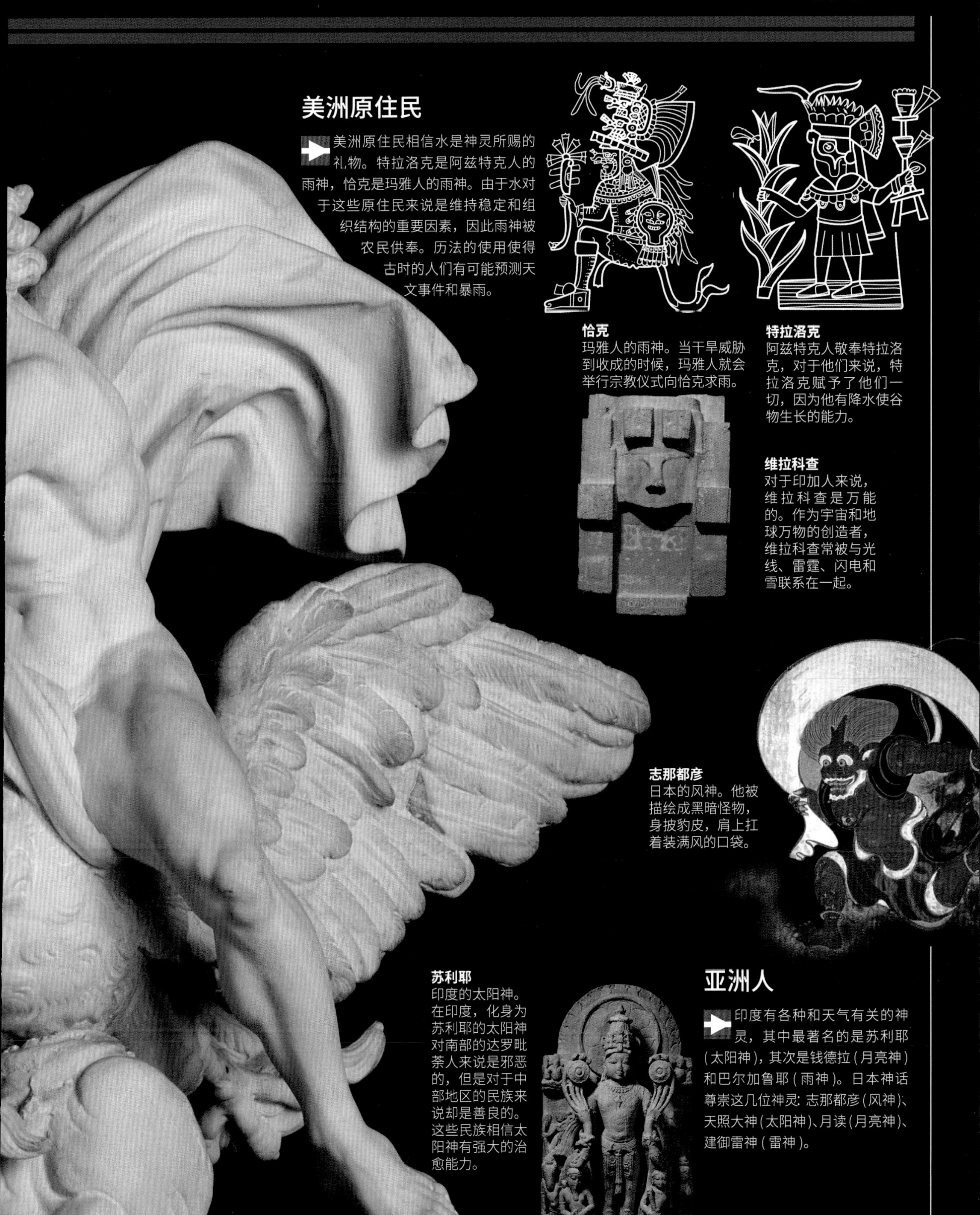

恰克
玛雅人的雨神。当干旱威胁到收成的时候，玛雅人就会举行宗教仪式向恰克求雨。

特拉洛克
阿兹特克人敬奉特拉洛克，对于他们来说，特拉洛克赋予了他们一切，因为他有降水使谷物生长的能力。

维拉科查
对于印加人来说，维拉科查是万能的。作为宇宙和地球万物的创造者，维拉科查常被与光线、雷霆、闪电和雪联系在一起。

志那都彦
日本的风神。他被描绘成黑暗怪物，身披豹皮，肩上扛着装满风的口袋。

亚洲人

印度有各种和天气有关的神灵，其中最著名的是苏利耶（太阳神），其次是钱德拉（月亮神）和巴尔加鲁耶（雨神）。日本神话尊崇这几位神灵：志那都彦（风神）、天照大神（太阳神）、月读（月亮神）、建御雷神（雷神）。

苏利耶
印度的太阳神。在印度，化身为苏利耶的太阳神对南部的达罗毗荼人来说是邪恶的，但是对于中部地区的民族来说却是善良的。这些民族相信太阳神有强大的治愈能力。

气候带

世界上不同的地区，即使相距遥远，也可以按类别划分为一定的气候带，也就是说，被划分为气温、气压、降水和湿度等气候因素同质的地区。气候学家对这些地区的数量和每一个地区的描述有不同意见，但是描绘在这幅地图上的情况被广泛认可。

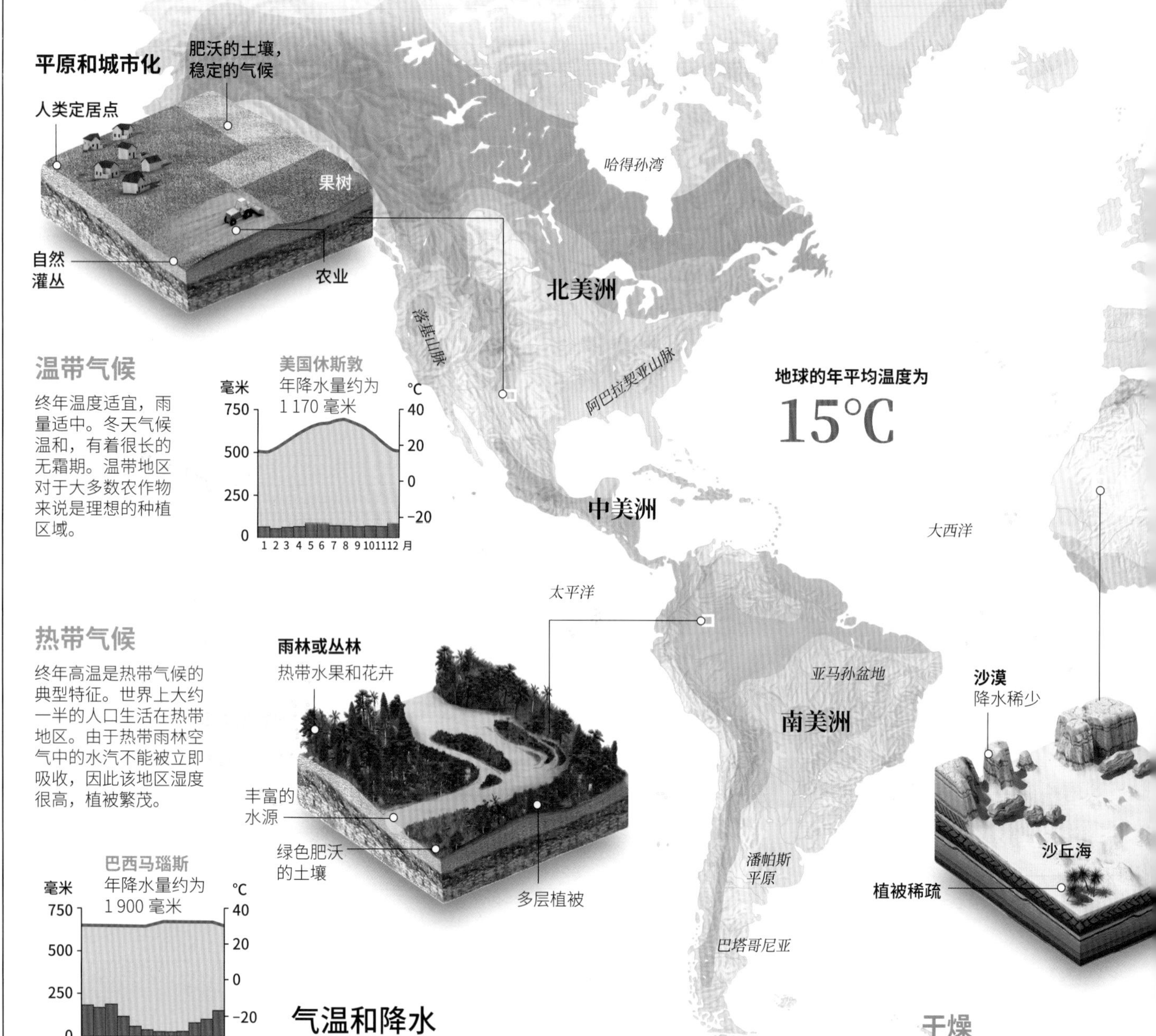

温带气候

终年温度适宜，雨量适中。冬天气候温和，有着很长的无霜期。温带地区对于大多数农作物来说是理想的种植区域。

热带气候

终年高温是热带气候的典型特征。世界上大约一半的人口生活在热带地区。由于热带雨林空气中的水汽不能被立即吸收，因此该地区湿度很高，植被繁茂。

气温和降水

地球的气温取决于来自太阳的能量，而太阳的能量在不同纬度的分布并不均匀。降水是一种大气现象，云中包含着数以百万计的水滴，这些水滴相互碰撞形成更大的水滴。随着水滴大小的增加，气流渐渐无法将其托住，它们就以雨水的形式降落到地面。

干燥

由于大气的流动，荒漠和半荒漠地区缺乏降水而形成了干旱的气候。在这些地区，天空晴朗，日照时间长。

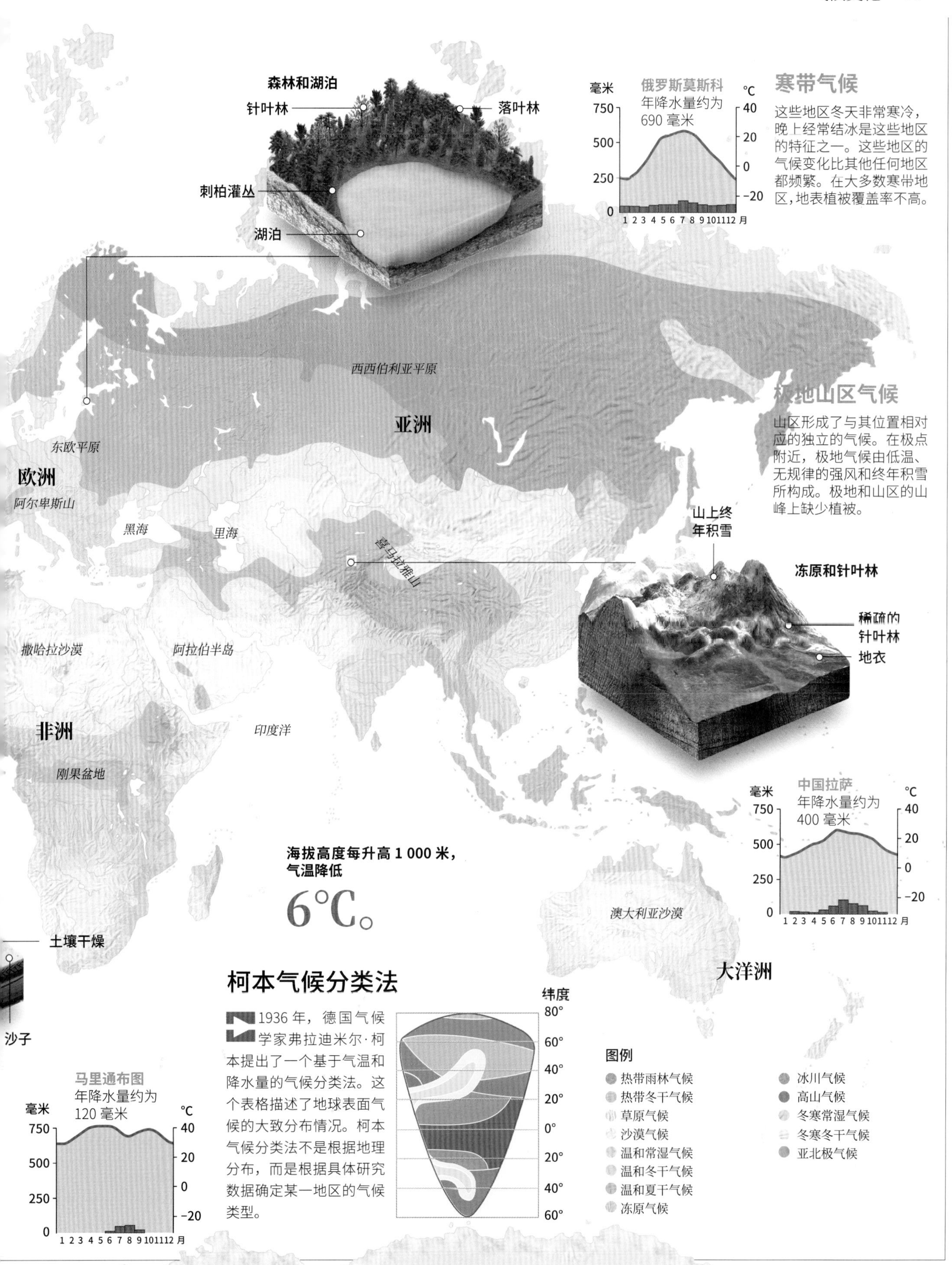

寒带气候

这些地区冬天非常寒冷，晚上经常结冰是这些地区的特征之一。这些地区的气候变化比其他任何地区都频繁。在大多数寒带地区，地表植被覆盖率不高。

极地山区气候

山区形成了与其位置相对应的独立的气候。在极点附近，极地气候由低温、无规律的强风和终年积雪所构成。极地和山区的山峰上缺少植被。

海拔高度每升高 1 000 米，气温降低

6℃。

柯本气候分类法

1936 年，德国气候学家弗拉迪米尔·柯本提出了一个基于气温和降水量的气候分类法。这个表格描述了地球表面气候的大致分布情况。柯本气候分类法不是根据地理分布，而是根据具体研究数据确定某一地区的气候类型。

古气候学

地球上的气候一直都在变化，冰期和间冰期交替出现。今天我们所生活的间冰期始于1万~2万年前，全球温度有所升高。我们分析的这些气候变化的时间跨度超过几十万年。古气候学使用从化石、年轮、珊瑚、冰川得出的记录以及历史文献来研究过去的气候。

气体测量

科学家可以通过冰芯研究过去的气候。俄罗斯东方站采集的3 000多米长的冰层样本中包含着过去约40万年里的气候数据，包括大气中的二氧化碳、甲烷以及其他温室气体的浓度。

东方站

居住者	**只有科学家**
建立时间	**1957 年**
年平均温度	**约 –55°C**
表面	**95%被冰覆盖**

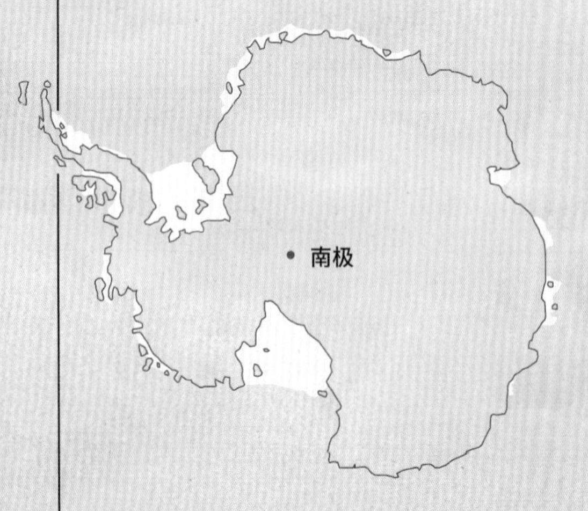

年代学

在地球的历史中，气候发生的剧烈变化不仅对地球表面特征，而且对动植物都产生了很大影响。下面的时间线说明了地球发生的主要气候变化及其带来的后果。

45 亿年前
起初，气温较高。生命产生氧气，使气候变冷。

27 亿 ~18 亿年前
冰层覆盖了广阔的地区。

5.44 亿年前
地貌不断发生变化，一些地理区域内出现冰川气候。70% 的海洋物种灭绝。

3.3 亿年前
漫长的冰川时期开始了。冰雪覆盖了不同的地理区域。

2.45 亿年前
这个时期开始时干旱且炎热。这个时期结束时气温急剧下降。恐龙出现了。

6 500 万年前
古新世和始新世之初气候非常温暖；始新世中期气温开始下降。

服装

为科学家保暖，并防止样本被污染。

冰芯

从不同深度提取的冰层样本。比较下层的冰雪更为紧实。最后一层是岩石和沙子。

53 米 54 米 1 836 米 1 837 米 3 050 米 3 051 米

人类活动

可以将气候划分为工业革命前后两个时期。图表说明了 1770 年到 1990 年间卤代烃气体、甲烷、二氧化碳和一氧化二氮逐渐增加。显而易见，人类活动造成了对地球环境的污染。

温室气体评估

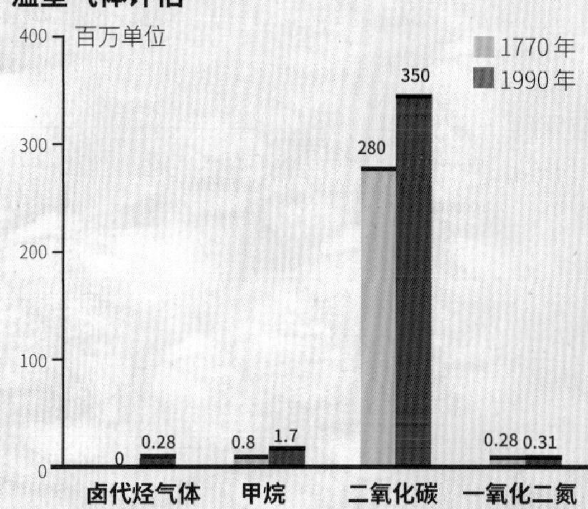

组成

下图说明了从 2 万年前直至前工业时代结束期间大气中甲烷浓度的变化。图表显示的信息是根据对格陵兰岛和南极洲的冰川探测估算得出的。

甲烷浓度

百万单位 0.8 0.7 0.6 0.5 0.4 0.3 0

全新世 冰河时期

格陵兰岛 南极洲

0 2 000 4 000 6 000 8 000 10 000 12 000 14 000 16 000 18 000 20 000

距今若干年前

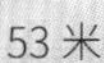

200 万年前

依旧寒冷。冰期每 10 万年出现一次。

160 万年前

间冰期，一个持续 100 多万年的气候时期开始了。

1.8 万年前

最后一次冰川消退期的开始。气温升高，冰川融化。

1 300~700 年前

中古温暖时期，有些地方比今天还温暖。维京人来到格陵兰岛。

550~150 年前

小冰期。高山冰川推进，冬天更加寒冷。

地球变暖

全球变暖导致地球大气层和海洋的平均温度升高，其主要原因是在过去200年中，工业国家的二氧化碳排放量增加，这种现象加重了温室效应。据估计，从19世纪末到20世纪末，全球平均温度升高了0.6℃以上，人们已经开始关注温度升高带来的后果。全球降水分布出现了变化，有些地区降水增加，而其他地区的降水则在减少。这就造成了动植物的重新分布、生态系统的变化以及人类活动的变化。

人类活动的产物

由于人类活动产生的各种气体在大气层中不断累积，我们的地球正在经历全球气候变暖过程的加速期。这些气体不仅吸收地球表面被太阳辐射加热时所排放的能量，而且还增强了自然发生的温室效应，温室效应的作用就是留住了热量。造成温室效应增强的一个主要因素就是二氧化碳（CO_2）含量增加，燃烧化石燃料（煤炭、石油和天然气）会产生大量二氧化碳。由于大量使用这些化石燃料，排放到大气层的碳氧化物、氮氧化物和二氧化碳的数量明显增加。其他日益加重的人类活动，例如砍伐森林，限制了大气层通过光合作用消除二氧化碳的再生能力，这变化造成了地球年平均温度缓慢升高。全球变暖反过来将导致很多环境问题：沙漠化和干旱（造成饥荒）、森林减少（加剧气候变化）、洪水以及对生态系统的破坏。由于这些变量以复杂的方式造成全球变暖，因此很难精确预测未来会发生的每一件事。

1

燃烧燃料和砍伐森林等活动增加温室气体的浓度。

气候变暖导致珊瑚将生活在其组织内提供营养的共生藻类排出，导致珊瑚白化，使珊瑚更容易受到饥饿、疾病和死亡的影响。

平流层顶
平流层
对流顶层
对流层

过去数年间地球温度的变化

全球变暖的影响已经十分明显。据估计，从19世纪末到20世纪末，全球平均温度升高了0.6°C以上。

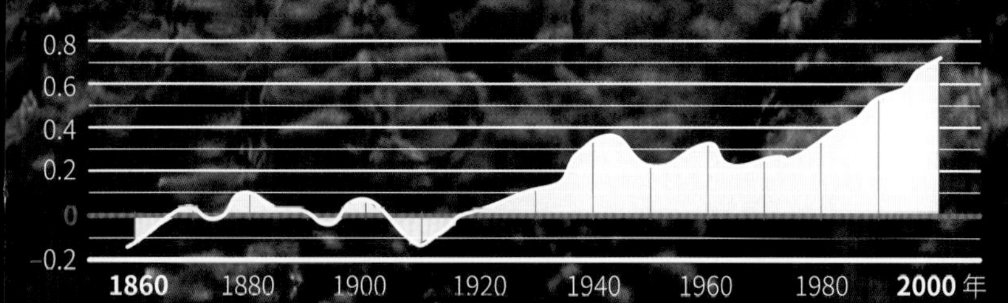

大堡礁

表面积	20.7万平方千米
礁石种类	3 000多种
历史	3亿年
发现	1770年由詹姆斯·库克发现

0.6°C以上，

这是从1860年起，地球平均温度的**增加值。**

2 大气层中自然温室效应的增加。

3 变化了的大气层留住了地球排放的更多热量，因此扰乱了自然平衡。

太阳能

臭氧层

臭氧层位于地球表面之上的平流层。它是强大的太阳能过滤器，阻止了绝大部分紫外线辐射的通过。

臭氧层

加速融化

气候在以一种令人不安的速度变化着，冰川正在消退，海平面正在上升。科学家在评估了地球的健康状况后，推断这是地球过快变暖导致的后果。人类的活动——特别是燃烧化石燃料，以及由此造成的大气层温室气体累积加速了这一趋势。

太平洋

北冰洋

面积	约 1 475 万平方千米
平均深度	1 225 米
温度	冬季 –50°C

发生的原因

两极冰川融化的部分原因在于温室气体的增加。温室气体吸收地球释放的辐射，使大气层升温，进一步提高了地球的温度。冰川的融化增加了海洋的水量。

影响
北极地区的温度比全球平均温度的上升速度更快。

洋流
海水盐度的变化是造成洋流变化的原因之一。

北美洲

1. 阳光被冰层反射。
2. 辐射穿过冰面最薄或者破碎的地方进入海洋。
3. 冰面吸收来自阳光的热量，同时释放大量碳粒子。
4. 这些碳粒子上升至表面变成二氧化碳。
5. 暴露在空气中的二氧化碳会被大气层吸收。

碳粒子

冰面破碎的地方可以开辟新的航线。当船只经过时，裂缝很少会合上，这也提高了吸收热量和排放二氧化碳的速度。

格陵兰岛上
约 85%
的面积被冰川覆盖。如今，岛上的冰川正在加速消融。

大西洋

可能发生洪水的地区

1993—2003 年，部分海岸线由于海平面的上升而缩短。

预测

2010—2030 年

夏季海洋上的浮冰正在减少，未来将以更快的速度消失。

2040—2060 年

随着时间推移，在北冰洋沿岸，更多的海冰将继续融化。

2070—2090 年

根据一些科学模型的预测，夏季海洋上的浮冰将在 21 世纪内几乎消失。

欧洲

拉布拉多洋流

发源于北冰洋，携带冰冷的海水和碎冰向南流动。

普遍认为，温室气体排放的增加会使全球平均气温在今后 100 年内升高 1.4~5.8°C。

冰面融化对生活在北极的人们和动物产生危害。

推进的水域

冰层加速融化造成海平面上升，淹没了有缓坡的沿海陆地。随着海平面上升，沿海地区的面积将逐渐减少。

50厘米

海平面上升 50 厘米，将导致部分沿海陆地消失。

全世界约 **70%** 的淡水在南极洲。

墨西哥湾暖流

发源于墨西哥湾，携带温暖的海水流向高纬度地区。

南极洲

南极洲的冰川以每年成百上千亿吨的速度消失，其西部冰盖变薄的速度正在加快，这都造成了海平面的上升。长此以往，这种气候将对地球上的很多地方造成灾难性的影响。

酸 雨

化石燃料燃烧时排放到空气里的化学物质和水汽混合后会产生酸雨。水中超标的二氧化硫和二氧化氮使得水生动植物的繁衍变得更加困难，并大大增加了鱼类的死亡率。同样，它也影响了陆地植被和动物，并造成污染，破坏土壤的重要成分，对森林造成严重破坏。另外，酸性物质的沉淀增加了未经处理的饮用水水库中的有毒金属（如铝、铜和汞）的含量。

排放的气体种类

炼油厂	二氧化碳 甲烷	二氧化硫
化工厂	二氧化碳 硫化氢	二氧化硫
垃圾焚烧炉	二氧化碳 甲烷	二氧化硫 二氧化氮

3 光化学反应

阳光加快了化学反应的速度。因此，二氧化硫和大气层中的气体迅速产生三氧化硫。

大气循环扩大了污染物的散布距离。

4 酸雨

以水、雾或露水的形式降落到地面，并留下了在大气层中形成的酸性物质。

pH：小于 5.6

酸雨

pH：5.6~7

正常雨水

什么是 pH？

pH 4.0
pH 5.0
pH 5.5
pH 6.0
pH 6.5
pH 7.0

pH 是水溶液的酸碱度，指的是液体中氢离子的含量。

对农业造成的影响

耕地不太容易受到影响，因为这些土地通常可以通过恢复土壤养分的肥料得到改善，并中和酸性物质。

受到严重影响的作物种类包括莴苣和烟草，特别是因为它们的叶子是供人类消费的，因此必须保持其高质量。

溶解的水中携带着雨水里的酸性颗粒。

对水的影响

酸性雨水改变水体正常的 pH。

pH：7 → pH：4.3
（正常） （酸性）

pH4.3 很多鱼类无法在超过这个 pH 的水中存活。

对土壤造成的影响

硅酸盐土
由于其缺乏缓冲矿物质，酸性造成的影响更大

钙质土
碳酸氢盐中和了这种作用。

在山区，雾和雪大大增加了上述气体的含量。

1872年 这一年第一次记录了酸雨现象。

一些受到严重影响的物种

鳟鱼

鲈鱼

青蛙

越来越脆弱

人类活动产生的物质正在破坏防止紫外线入侵的臭氧层。这种现象每年的 8—10 月在极地地区（主要在南极洲）都能观察到。由于臭氧层被破坏，地球正在接收更多的有害射线，这可能是皮肤癌、视力受损以及免疫系统弱化等病例增加的原因之一。

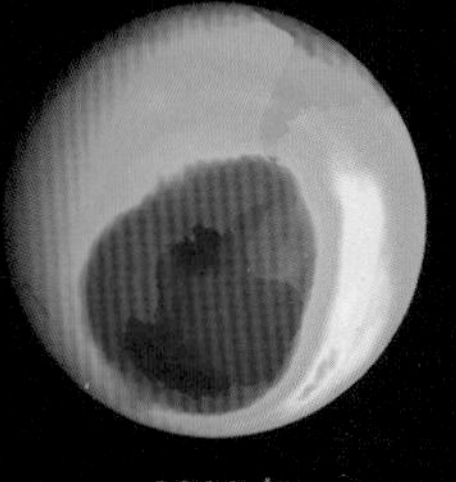

2000 年
最大约 2 800 万平方千米

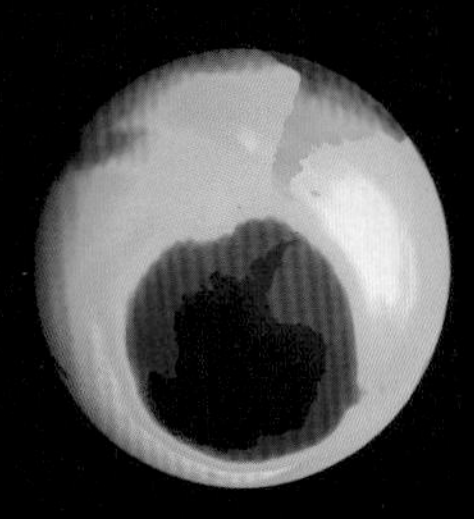

2001 年
最大约 2 600 万平方千米

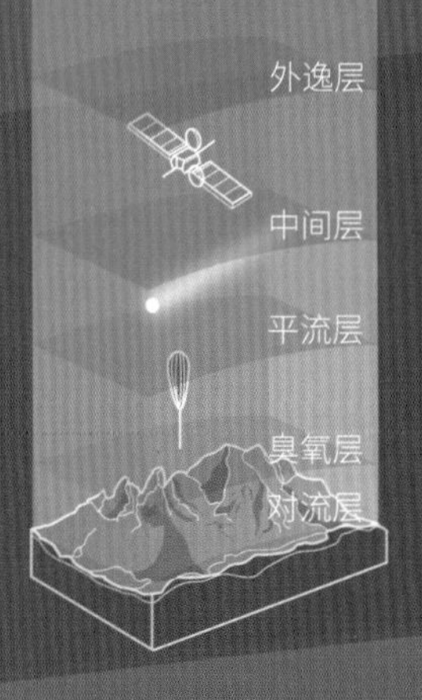

臭氧层

在 15~35 千米的高度，平流臭氧层围绕着地球，它对地表上的生物有着极其重要的作用。臭氧层是由氧分子吸收来自太阳的紫外线形成的。这种反应是可逆的，也就是说，臭氧可以回到其自然状态——氧分子，之后氧分子重新变成臭氧，形成了一个组成成分形成和破坏的持续过程。

[illegible]形成的

1 紫外线撞击氧分子，使其分裂并释放出 2 个原子。

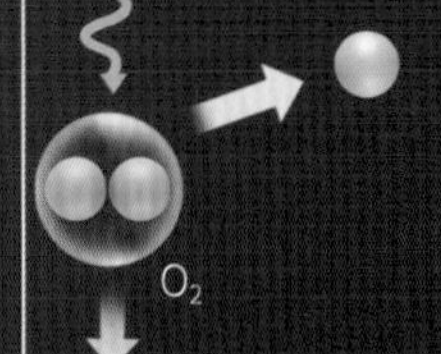

2 其中 1 个被释放的原子和 1 个氧分子结合，形成臭氧分子。

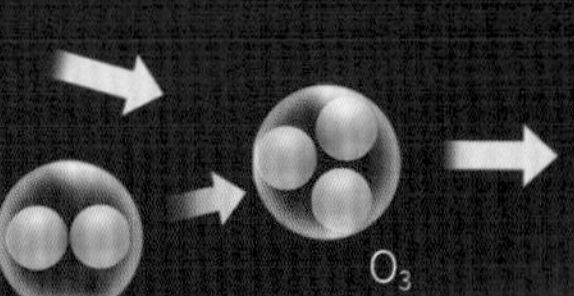

3 紫外线撞击臭氧分子，使其分裂为 1 个氧分子和 1 个氧原子。

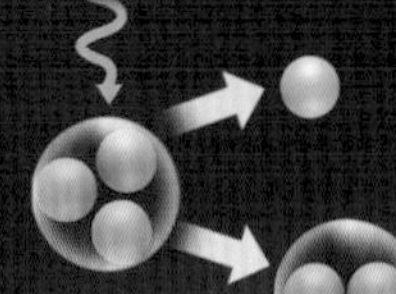

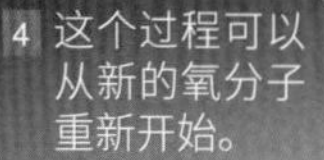

4 这个过程可以从新的氧分子重新开始。

氯氟烃如何加速臭氧分解

1 紫外线撞击氯氟烃分子。

2 1 个氯原子被释放出来。

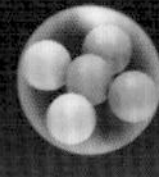

氯氟烃

是一类气体的总称，它们的应用范围很广。氯氟烃被用于制冷系统、气雾剂中。

谁在破坏臭氧层？

1974 年，科学家已经发现了工业氯氟烃（CFC）能够对臭氧层造成影响。化学家马里奥·莫利纳和弗兰克·舍伍德·罗兰证明了工业氯氟烃是通过加速臭氧分解，从而破坏臭氧层的。

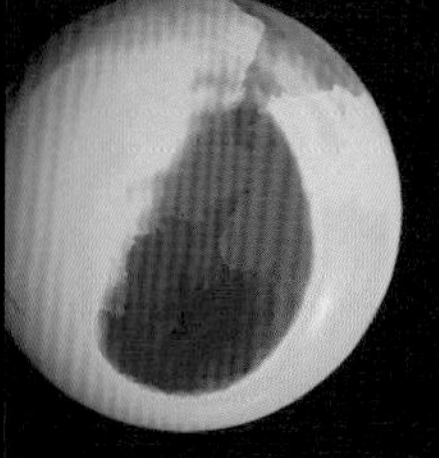

2004 年

最大约 2 500 万平方千米

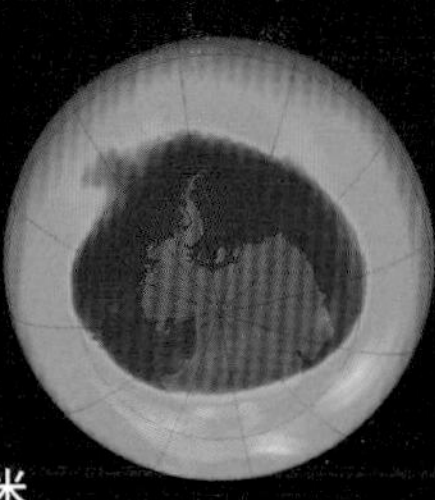

2005 年

最大约 2 400 万平方千米

紫外线

波长在 10~400 纳米波段的光线。根据生物学特点分为紫外线 A、紫外线 B 和紫外线 C。波长在 320~400nm 波段的是紫外线 A，波长在 280~320nm 波段的是紫外线 B，波长在 100~280nm 波段的是紫外线 C。波长越短，紫外线的能量越大。

紫外线 A

这些射线很容易穿过臭氧层，会造成人的皮肤皱纹和衰老。

紫外线 B

几乎所有的紫外线 B 都被臭氧层吸收。它们是有害的，会引发各种皮肤癌。

紫外线 C

这是最有害的射线，但是它们全部被臭氧层的最上层过滤掉了。

南极上空的臭氧空洞

南极洲上空的臭氧层变薄是包括含氯游离基的反应等一系列现象作用的结果，这造成了臭氧层的破坏。

最大约 2 800 万平方千米

是 2000 年臭氧空洞所达到的面积。

臭氧层就像一个自然过滤器一样吸收紫外线。

3 氯原子和臭氧分子结合，破坏臭氧分子，形成 1 个新的氧化氯分子和 1 个氧原子。

4 氧化氯分子和 1 个自由氧原子结合释放出氯原子。

5 这个氯原子再次获得自由，又和另 1 个臭氧分子结合。

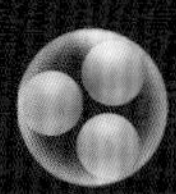

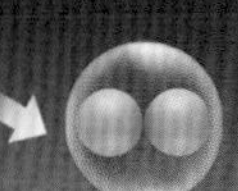

50~100年

这是氯氟烃在大气层里留存的时间。

对人类的影响

会造成皮肤癌、视力受损、免疫系统弱化、严重晒伤和皮肤老化。

对植物的影响

能够破坏浮游植物，抑制光合作用的过程，使植物的生长发生变化，导致作物减产。

对动物的影响

引起动物发生疾病，导致食物链的破坏，提高动物患皮肤癌的概率。

一切都在变化

最主要的

地球气候在不断发生变化。目前的全球平均气温为 15°C左右。气候变化在很大程度上是由人类活动造成的，人类活动导致了温室气体浓度的增加。这些温室气体包括二氧化碳、甲烷和二氧化氮，它们是由现代工业、农业活动释放出来的。温室气体在大气中的浓度正逐渐增加，自 1960 年以来，仅大气中的二氧化碳浓度已经增加了超过 20%。研究人员指出，由此所造成的温室效应会对地球上大部分生命赖以生存的气候的稳定性产生严重影响。

大西洋

北美洲

中美洲

太平洋

南美洲

全球气温升高

在过去的 50 年里，美国阿拉斯加州和加拿大西部的冬季温度已经升高了 3~4°C。据预测，在未来的 100 年内，地球平均温度将会升高 1.4~5.8°C。

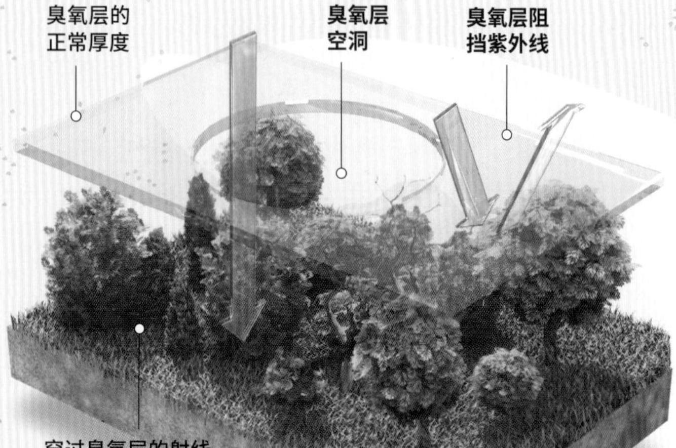

臭氧层的正常厚度

臭氧层空洞

臭氧层阻挡紫外线

穿过臭氧层的射线

地球表面

臭氧层变薄

臭氧层保护我们不被紫外线灼伤，然而由于氯氟烃的释放，臭氧层正在变得越来越薄。经观测，每年的 8—10 月以及 10 月至翌年 5 月，这种现象分别在南极和北极出现。此外，有证据表明，地表大量的紫外线正在摧毁或改变植物细胞，减少氧气的生成。

冰雪覆盖的海岸

两极消融的影响

冰雪覆盖下的海冰能够将照射其上 85% ~90%的太阳光反射回去，而海水只能反射 10%的太阳光。当冰雪融化时，如今的很多海岸线将会被海水淹没，这会导致更多的冰雪融化。

入射光
能量汇集于气候系统
大气捕获地球散发的长波辐射
大气层
地球表面

亚洲
欧洲

温室作用加速

冰面反射太阳辐射，而雨林、森林以及草原的土壤吸收能量，同时将其作为显热辐射出去。这就增加了温室效应，导致全球变暖。

印度洋
非洲

因果关系

化石燃料的燃烧、对落叶林和热带雨林的无度砍伐引起二氧化碳、甲烷和其他温室气体的浓度增加。温室气体聚集热量，增加了温室效应，这就是北极地区变暖的原因。冰面的密度由于表层融化而减小，淡水流进海洋，改变了海水的盐度。

大洋洲

太阳光
释放二氧化碳
海洋
温暖的洋流

约100年 这是落叶林变为荒地后，重新回归自然状态所需的时间。

术 语

冰
固态水。在大气中以冰晶、雪或冰雹的形式存在。

冰雹
以冰团或不规则冰块形式，在对流云（如积雨云）中形成的降水。典型的冰雹直径为5~50 毫米，但也有可能变得大得多。直径为 5 毫米或更小的冰粒也被称作小雹块，或霰。云中必须有强烈上升的气流时才能形成冰雹。

层云
云底很低，呈灰色或灰黑色的均匀云层。

臭氧层
在平流层中距地表 10 ～ 50 千米高度的臭氧圈层。其主要作用是吸收短波紫外线。

传导
同一物体内部或相接触的两物体之间由于分子、原子等微观粒子的热运动，热量由高温处向低温处传递的现象。

大气圈
包裹着地球的气体层。

堤防
沿河、渠、湖、海岸或分洪区、蓄洪区、围垦区边缘修建的挡水建筑物。

地形雨
由于地形抬升作用而形成的液态降水。

对流
大气在垂直方向的有规律的运动。

对流层
大气圈中最接近地面的一层大气，其英语名称的字面意思为“变化的一层”，大多数天气变化以及气象学中最有趣的天气现象主要发生在对流层。

厄尔尼诺现象
赤道太平洋冷水域中海温异常升高的现象。

二氧化碳
碳或含碳化合物完全燃烧，或生物呼吸时产生的一种无色气体，是主要温室气体之一。

反气旋
在北（南）半球呈顺（逆）时针方向旋转的大气涡旋。在气压场上表现为高气压。

反照率
物体表面的反射辐射通量与入射辐射通量之比。

风速计
用来测量风速的仪器。

锋面
两个不同性质气团间的倾斜界面。

锋生
锋生是指新锋面形成或原有锋面加强的过程。当风力促使不同密度和温度的两个邻近气团相遇时就会产生锋生作用。如果这两个气团（或其中一个气团）越过一个能够增强气团本身属性的一个锋面，也能形成锋生作用。当向海洋移动的气团界限不稳定或不明显时，在北美东海岸或亚洲会普遍产生锋生现象。锋生与锋消是作用相反的两种现象。

辐射
由电磁波或机械波，或大量的微粒子（如质子，α 粒子）由发射体出发，在空间或媒质中向各个方向的传播过程，也可指波动能量或大量微粒子本身。

干旱
长期无雨或少雨导致土壤和空气干燥的现象。

中云
云底距地面高度分别是 2 ～ 4 千米（极地），2 ～ 7 千米（温带），2 ～ 8 千米（热带）的云。

海拔
平均海平面以上的垂直高度。

海震
发生在海洋底部的地震，会导致海浪汹涌，有时会冲击沿海陆地并造成洪灾。

寒潮
冬半年大规模冷空气活动，常引起大范围强烈降温、大风，常伴有雨、雪的天气。

荒漠化
干旱、半干旱和亚湿润干旱区由气候变化和人类活动等多种因素引起的土地退化现象。

极锋

极地气团与热带气团之间形成的锋。

极光

在地球两极地区的大气圈高层出现的一种现象。太阳带电粒子和地球磁场相撞就会产生极光。这种现象在北半球被称为北极光，在南半球被称为南极光。

急流

出现在大气中的窄而强的风速带，其上下和两侧分别具有强烈的垂直和水平切变。

季风

大范围区域冬、夏季盛行风向相反或接近相反的现象。

降水

自云中降落到地面上的水汽凝结物。有液态或固态两种降水形式。

飓风

发生在热带或副热带东太平洋和大西洋上中心附近风力达 12 级或以上的热带气旋。

卷云

带有丝缕状结构和光泽的，白色孤立的薄片状或狭条状的高云。

科里奥利力

由于地球自转运动而作用于地球上运动质点的偏向力。

龙卷风

小直径的剧烈旋转风暴，产生于十分强烈的雷暴中，以积雨云底部下垂的漏斗云形式出现。

露水

空气中水汽凝结在地面或地物表面的液态水。

氯氟烃

由碳、氢、氯和氟组成的化合物，常用作烟雾促进剂或制冷剂。在平流层紫外线照射下可分解成活泼的自由基，加速臭氧的分解。

逆温

大气温度随高度升高而增加的现象。

凝结

物质由于温度降低从气态转化为液态的相变过程。

凝聚

物质由气体变为液体的过程。

蒲福风级

是 19 世纪初期由英国海员弗朗西斯·蒲福制定的风力等级，用来测量和报告风速。根据不同风速形成的各种形状的水波分级，从 0~12 级依次递增。蒲福风级同样适用于陆地，其依据是风对树木或其他物体的影响程度。

气候

某一地区多年的天气和大气活动的综合状况。

气团

在水平方向上温度、湿度等物理属性的分布大致均匀的大范围内的空气。

气象学

关于大气现象的科学与研究。气象学的分支学科有：农业气象学、气候学、水文气象学、物理气象学、动力气象学和天气学等。

气旋

气流场中在北（南）半球呈反（顺）时针方向旋转的大型涡旋，在气压场上表现为低气压。

气压

大气的压强。通常用单位横截面积上所承受的铅直气柱的重量表示。

气压计

能自动连续记录气压随时间变化的仪器。

侵蚀

地表被流动的水、冰河、风或浪剥落分离的过程。

轻雾

空气层中悬浮着微小水滴或吸湿性潮湿粒子，使地面水平能见度在 1 ～ 10 千米的天气现象。

全球气候变暖

人类活动产生的温室气体浓度不断增加，造成大气温度上升。

热带气旋

发生在热带或副热带洋面上，具有有组织的对流和确定气旋性环流的非锋面性涡旋的统称。包括热带低压、热带风暴、强热带风暴、台风（强台风和超强台风）的统称。

热浪

大范围异常高温空气入侵或空气显著增暖的现象。

沙漠

地球表面干燥气候的产物，一般年平均降水小于 250 毫米，植被稀疏，地表径流少，风力作用明显。

山洪

历时很短而洪峰流量较大的山区骤发性洪水。

闪电

大气中的强放电现象。

上风向

风刮来的方向。

湿度

大气中水汽的含量。

湿度计

用来测量湿度的仪器。

霜

夜间地面冷却到 0°C以下时，空气中的水汽凝华在地面或地物上的冰晶。

酸雨

硫、氮等氧化物所引起的雨、雪和冰雹等大气降水酸化以及 pH 小于 5.6 的大气降水。

天气

某一时间某一地区以各种气象要素所确定的大气状况。

天气图

填绘有气象状况和气象要素的数值、符号、等值线等，用以分析和研究大气状况和特征的综观图。

天气预报

对未来某时段内某一地区或部分空域可能出现的天气状况所做的预测。

湍流

流体中任意一点的物理量均有快速的大幅度起伏，并随时间和空间位置而变化，各层流体间有强烈混合。

外逸层

地球大气圈最外面的一层。

微压计

用增加仪器灵敏度的方法以记录气压随时间的微小变化的气压计。

纬度

地球上某点至地心连线与赤道平面的夹角。

温度计

能连续自动记录温度随时间变化的仪器。

温室效应

大气中的温室气体通过对长波辐射的吸收而阻止地表热能耗散，从而导致地表温度增高的现象。

雾

近地面的空气层中悬浮着大量微小水滴（或冰晶），使水平能见度降到 1 千米以下的天气现象。

悬浮颗粒

悬浮在大气层中的微小（液态或固态）颗粒，含有不同的化学成分。作为凝结核，它对云的形成具有重要的作用。悬浮颗粒能够增强对太阳辐射的反射和散射，因此对平衡地球辐射也很重要。

雪

由冰晶聚合而形成的固态降水。

雪崩

指大量雪体从山坡崩塌下来的现象。

洋流

狭义的概念是海洋表面水体沿一定方向持续的，非潮流性质的，大规模水平流动。广义的概念是海洋中任何水体的流动。

云

悬浮在空中，不接触地面，肉眼可见的水滴、冰晶或二者的混合体。

阵风

风速在短暂时间内，有突然出现忽大忽小变化的风。

蒸发

物质从液态转化为气态的相变过程。

中间层

位于平流层顶以上，距地面 50~85 千米的大气层。

撞冻

云粒子或降水粒子通过（一触即冻的）过冷水滴与冻结粒子（冰晶或雪花）的碰撞和合并而增大的过程。

Photo Credits: Age Fotostock, Getty Images, Science Photo Library, Graphic News, ESA, NASA, National Geographic, Latinstock, Album, ACI, Cordon Press
Illustrators: Guido Arroyo, Pablo Aschei, Gustavo J. Caironi, Hernán Cañellas, Leonardo César, José Luis Corsetti, Vanina Farías, Joana Garrido, Celina Hilbert, Isidro López, Diego Martín, Jorge Martínez, Marco Menco, Ala de Mosca, Diego Mourelos, Eduardo Pérez, Javier Pérez, Ariel Piroyansky, Ariel Roldán, Marcel Socías, Néstor Taylor, Trebol Animation, Juan Venegas, Coralia Vignau, 3DN, 3DOM studio, Jorge Ivanovich, Fernando Ramallo, Constanza Vicco.

江苏省版权局著作权合同登记 10-2021-101 号

图书在版编目（CIP）数据

天气与气候 / 西班牙 Sol90 公司编著 ; 陈怡全译
. — 南京 : 江苏凤凰科学技术出版社 , 2023.5（2024.3重印）
（国家地理图解万物大百科）
ISBN 978-7-5713-3322-5

Ⅰ. ①天… Ⅱ. ①西… ②陈… Ⅲ. ①天气学－普及读物②气候学－普及读物 Ⅳ. ① P4-49

中国版本图书馆 CIP 数据核字 (2022) 第 225554 号

国家地理图解万物大百科　天气与气候

编　　著　西班牙 Sol90 公司
译　　者　陈怡全
责任编辑　张　程
责任校对　仲　敏
责任监制　刘文洋

出版发行　江苏凤凰科学技术出版社
出版社地址　南京市湖南路 1 号 A 楼，邮编：210009
出版社网址　http://www.pspress.cn
印　　刷　上海当纳利印刷有限公司

开　　本　889mm × 1 194mm　1/16
印　　张　6
字　　数　200 000
版　　次　2023 年 5 月第 1 版
印　　次　2024年 3 月第 6 次印刷

标准书号　ISBN 978-7-5713-3322-5
定　　价　40.00 元